2010 ZHONGGUO SHENGWUJISHU FAZHAN BAOGAO

2010

中国生物技术发展报告

中华人民共和国科学技术部 社会发展科技司
中国生物技术发展中心 编著

科学出版社
北京

内 容 简 介

《2010中国生物技术发展报告》分为概述、前沿生物技术、生物技术产业、生物技术产业投融资、政策管理、区域生物技术与产业6个篇章。重点介绍了2010年我国前沿生物技术、生物技术产业、资本市场、管理政策以及区域生物产业发展的最新进展，报告以数据、图表、文字相结合的方式，全面展示了2010年我国生物技术发展的基本情况。希望为生物技术领域的科学家、企业家、管理人员和关心支持生物技术与产业发展的各界人士提供参考。

图书在版编目(CIP)数据

2010中国生物技术发展报告 / 中华人民共和国科学技术部社会发展科技司，中国生物技术发展中心编著. —北京：科学出版社，2011

ISBN 978-7-03-033307-0

I. 2… II. 中… III. 生物技术–技术发展–研究报告–中国–2010 IV. Q81

中国版本图书馆CIP数据核字(2012)第004744号

责任编辑：李国红 邹梦娜 / 责任校对：朱光兰

责任印制：刘士平 / 封面设计：范璧合

科学出版社 出版

北京东黄城根北街16号

邮政编码：100717

http://www.sciencep.com

中国科学院印刷厂 印刷

科学出版社编务公司排版制作

科学出版社发行 各地新华书店经销

*

2011年12月第 一 版 开本：889 × 1194 1/16

2011年12月第一次印刷 印张：12

字数：320 000

定价：148.00元

《2010中国生物技术发展报告》
编写人员名单

主　　编：马燕合　黄　晶

副 主 编：杨　哲　马宏建　贾　丰　安道昌

参加人员：（按姓氏汉语拼音排序）

艾瑞婷　安　勇　敖　翼　陈大明　陈国强　陈惠鹏
陈洁君　陈尚武　程翔林　崔大祥　杜　军　段燕文
范　玲　付卫平　傅少志　耿红冉　关镇和　韩　钦
贺纪正　胡忆虹　黄　菲　黄英明　贾　佳　江洪波
姜吉梦　靳令经　旷　苗　李炳志　李瑞国　李苏宁
李玮琦　李亦学　李永泉　林拥军　刘　浩　刘　静
刘　晓　卢　珊　陆祖宏　马贵宏　马延和　马有志
毛开云　彭锦荣　钱小红　钱志勇　邱宏伟　邱丽娟
任政华　阮梅花　沈　奔　沈心亮　石东升　苏　月
孙燕荣　唐　炜　王德平　王国英　王慧媛　王　磊
王丽伟　王小理　王晓敏　王　莹　王　玥　王　震
吴　贇　武治印　肖诗鹰　熊　燕　熊正河　徐安龙
徐　健　徐鹏辉　徐　萍　杨　敏　杨清香　杨淑燕
杨　智　于建荣　于振行　元英进　张　强　张　锐
张守涛　张卫文　张小宁　张　昱　张兆丰　赵　理
赵饮虹　郑　淼　郑玉果　郑　忠　周　泰　周乃元
庄国强　左年明

前　言

生命科学和生物技术的研究与开发已经成为当前国际科技发展的重点和热点。2010年，《科学》杂志评选的十大科技进展中，有八项与生物技术相关，其中包括世界上第一个人工合成的细胞“辛西娅”、以mRNA作为载体的新型高效iPS细胞重编程技术等重大突破。据安永会计师事务所（Ernst & Young）统计，全球生物技术产业稳步增长，2010年达到846亿美元，是继2009年全球生物技术产业首次实现全行业盈利之后的第二个盈利年。

2010年是我国“十一五”发展的收官之年，也是“十二五”我国生物技术与产业发展的机遇之年。2010年国务院颁布的《关于加快培育和发展战略性新兴产业的决定》中，生物产业被列为重点培育和发展的七大战略性新兴产业之一。“十二五”期间，我国政府将大力支持发展生物医药、生物农业、生物制造、生物能源和生物环保等重点领域，各部门和地方政府积极制定相应的政策与规划推动生物产业发展，为生物产业发展创造良好的政策环境。

2010年，我国生命科学和生物技术发展取得了丰硕成果，论文和专利数量持续增长，关键技术领域不断创新，在世界上首次成功完成戊肝疫苗三期临床试验，常见重大疾病的全基因组关联分析（GWAS）发现多个包括鼻咽癌、食管癌、肺癌等在内的基因易感位点，揭示了癌蛋白PML-RAR是砷剂治疗急性早幼粒细胞白血病（APL）的直接药物靶点等。国家和地方政府支持生物技术研究开发的投入持续增长，生物产业民间投融资规模进一步扩大。生物产业总产值从2009年的1.3万亿元攀升至1.5万亿元，抗生素、疫苗、有机酸、氨基酸等多种生物产品产量位居世界前列，生物医药、生物制造、生物农业正在成为新的经济增长点。

为了科学、全面地介绍我国生物技术及其产业化发展的现状和主要成就，交流总结发展生物技术和产业的经验，宣传政府发展生物技术的政策措施，自2002年以来，科学技术部社会发展科技司和中国生物技术发展中心每年出版发行《中国生物技术发展报告》。本年度报告概述了国内外生物技术和产业的发展总体情况，重点介绍2010年我国前沿生物技术、生物技术产业、资本市场、管理政策以及区域生物产业发展的最新进展，报告以数据、图表、文字相结合的方式，展示了2010年我国生物技术发展的基本情况。本年度报告力求数据翔实、分析科学，希望本书能为生物技术领域的科学家、企业家、管理人员和关心支持生物技术与产业发展的各界人士提供参考。

目　　录

第一章 概述

一、国际生物技术与产业发展

（一）前沿生物技术发展取得重大突破

2010年，国际生命科学和生物技术取得了多项重大进展和突破，《科学》(*Science*)杂志评出的2010年十大科学突破中，有8项属于生命科学和生物技术领域，它们分别是：合成生物学、尼安德特人基因组、艾滋病的预防、外显子组测序/罕见疾病基因、分子动力学模拟、新一代基因组学、RNA的重编程、大鼠模型的建立。

2010年美国在生命科学和生物技术领域的重要进展主要有：创造了世界上第一个人工合成的细胞“辛西娅”；在实验室利用老鼠细胞培植出可分解毒素的人造老鼠肝脏；揭示了单链DNA穿越碳纳米管时发生的“易位”过程，为实现高速、低成本基因测序，以及推动个体化医疗的快速发展奠定了基础；研发出以mRNA为载体的新型高效iPS细胞重编程技术，不仅大大提高了诱导的效率，同时还避免了癌变和先天抗病毒免疫反应的风险；将老鼠皮肤细胞转化为神经细胞，绕开了诱导多功能干细胞过程；实现血液细胞基因重编程，使之成为多能干细胞；研发出纳米级抗癌“鸡尾酒疗法”；研发出第一个单分子实时测序仪，开辟了测序技术的新时代等。

英国发现了许多与人体健康相关的基因，例如与近视相关的基因、与哮喘相关的基因、与肺结核和疟疾在内的多种传染性疾病相关的基因、与血脂代谢相关的基因等；通过基因测序技术，绘制出斑胸草雀、苹果、青蒿、小麦等动植物的基因图谱；成功地将实验鼠胸腺干细胞转变为毛囊细胞，迈出了器官组织再生研究的重要一步；利用诱导多功能干细胞技术，成功地将肝病患者的皮肤细胞培育成肝脏细胞等。

法国科学家发现了调控脊椎动物身体对称性发育的物质；找到激活新生鼠呼吸系

统发育的关键基因；合成了阻断艾滋病病毒传播的分子；揭示了病毒侵入细胞的机制；发现了抗药性不强的超级细菌等。

德国首次直接测量了植物基因突变过程的速度；研发出一种水溶性光感多肽结构；发现了对蛋白质的构成起调控作用的基因开关；发现了肥大细胞免疫反应机理；揭示了分子复合物中的全新能量转换机制等。

日本证实了RNA具有维持整个基因组稳定性的重要作用；发现引起白血病复发的主要原因；开发出脑机接口技术的新型电极；发现可将水稻产量提高五成的新基因；证实iPS细胞可用于进行癌症的免疫治疗等。

韩国成功绘制了30名亚洲人的高清晰基因组图谱；发现咖啡和绿茶中的咖啡因成分对激发脑癌细胞活性的三磷酸肌醇受体有抑制作用；成功进行了治疗心血管疾病的微型机器人的动物试验；开发出一种以Wnt信号传导为靶点的抗癌新药等。

（二）生物技术论文数量持续增长

近年来，全球被SCI-EI收录的生命科学和生物技术领域的论文数量持续增长[1]，2010年共收录论文304,002篇，比2009年增长4.68%（图1-1）。2010年，发表论文最多的美国，共发表了99,341篇，占世界论文总量的32.68%，排名第二、三位的分别是中国、德国，占世界论文总量的比例分别是8.88%、7.65%（表1-1）。

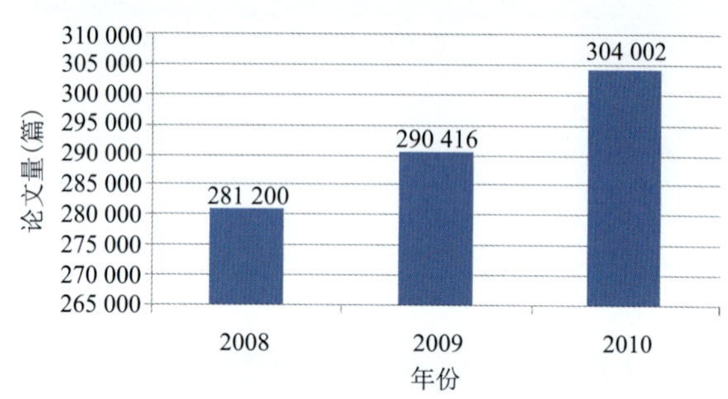

图1-1　2008—2010年国际生命科学与生物技术领域论文量

表1-1　2010年生命科学与生物技术领域论文量排名前10位的国家/地区

国家/地区	论文量（篇）	占全球论文总量的比例（%）
美国	99341	32.68
中国	27002	8.88
德国	23263	7.65
英格兰	21667	7.13
日本	20610	6.78
法国	16264	5.35
加拿大	15417	5.07
意大利	13865	4.56
西班牙	12297	4.05
澳大利亚	11406	3.75

1　通过对ISI Web of Science数据库（SCI）进行检索与分析（检索日期为2011年8月9日，数据库更新日期为2011年8月8日）。学科包括：生物化学与分子生物学、药理学与药学、生物技术与应用微生物、植物科学、细胞生物学、生物化学研究方法、神经科学、遗传学、生物学、免疫学、微生物学、生物物理学、生态学、毒理学、生物医学工程、海洋与淡水生物学、动物学、昆虫学、传染病、病毒学、生理学、病理学、计算生物学、进化生物学、生殖生物学、营养学、生物多样性保护、真菌学、发育生物学、寄生虫学、细胞与组织工程、解剖学、行为科学、神经成像、过敏、生物心理学、鸟类学、生物材料科学，以及纳米科学与纳米技术中的生命科学文献。

（三）生物技术专利申请保持稳定

用Innography专利分析工具对世界生物技术领域的专利进行检索分析[2]。2001—2010年，全球生物技术专利的公开量年度变化不大，总体上保持稳定。2010年，公开专利量为83,949件，比2009年增加2.12%（图1-2）。

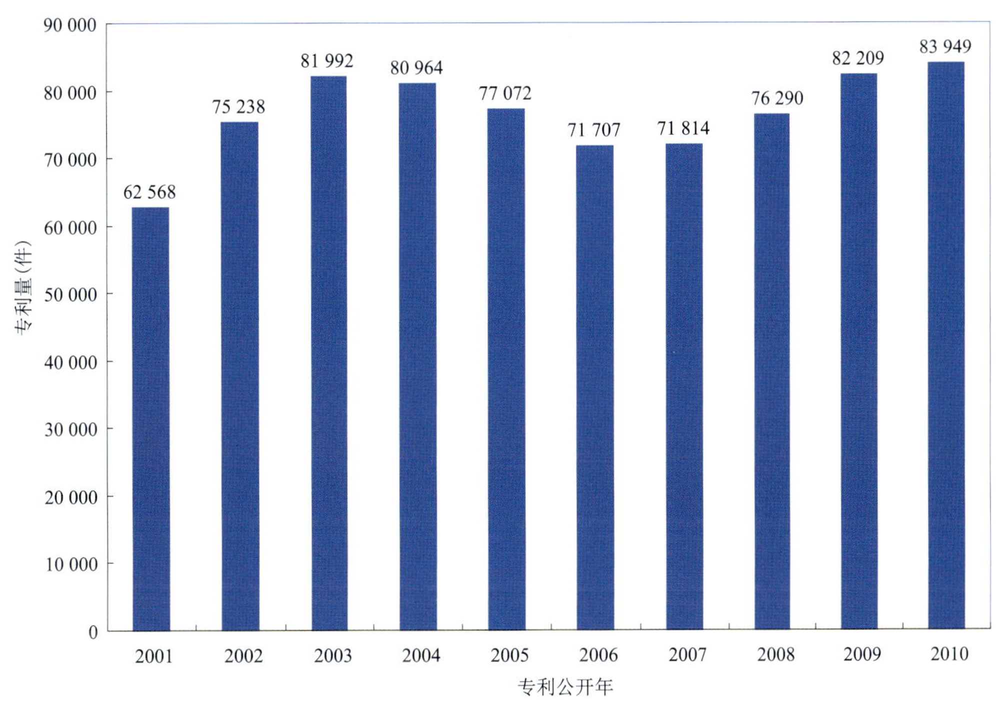

图1-2　2001—2010年世界生物技术领域公开专利情况

对专利强度[3]为5分的专利进行统计分析，2010年公开的专利数量为4795件，比2009年（5536件）减少13.39%。2001—2010年，在专利强度为5分的专利数量排名前10的国家中，排名第一的是美国，专利量为37,073件，占世界专利总量（专利强度为5分）的58.72%，其次是日本（8.47%）、德国（6.36%）（表1-2）。

2　Innography专利分析工具是由Dialog公司推出的、集成了其专利、商标、法律诉讼、公司经济实力数据的在线分析工具，其中收录的中国专利是将中国国家知识产权局公布的中国专利翻译成英文后录入到该库中。用IPC分类号C12（生物化学）进行领域界定，时间跨度为2001—2010年，检索日期为2011年8月4日。

3　专利强度（Patent strength），Innography根据一篇专利的引用、被引、诉讼等一系列指标进行综合考虑后给予该专利的分值。分值确定时综合考虑专利的重要性及统计学意义：分值太低，体现不出专利的重要性，分值太高，我国的专利量太少，不具有统计学意义。因此，选择以5分及以上的专利为统计、分析对象。

表1-2　2001—2010年世界生物技术领域专利强度为5分的专利数量排名前10位的国家

国家	专利量（件）	占世界专利总量的比例（%）
美国	37,073	58.72
日本	5351	8.47
德国	4018	6.36
英国	2894	4.58
法国	2052	3.25
加拿大	1716	2.72
丹麦	1256	1.99
荷兰	1229	1.95
澳大利亚	824	1.31
瑞士	807	1.28

通过IPC分析专利的学科分布，排名前三位的分别是C12N 00/000（微生物或酶的组成、制备与保存）、C12Q 00/000（酶或微生物检测过程）和C12M 00/000（酶或微生物学仪器），专利量分别是117,676件、7226件和1352件，这代表三种可申请专利的对象，即物质本身（如微生物、酶等）、方法/过程、仪器。另外，农业生物技术（A010 00/000）相关专利为3744件，医药生物技术（A610 00/000）相关专利为9526件，有机化学相关的生物技术（C070 00/000）专利为5312件。

（四）生物技术产业稳中有升

当前，世界各国纷纷加快培育新的经济增长点，为金融危机之后重振经济做好准备，生物技术产业已成为许多国家的战略选择。2010年，除合作渠道融资外，全球生物技术产业融资362亿美元，相比经济危机时期的2008年和2009年，分别增长46%和164%。全球生物技术产业销售额几乎每5年翻一番，增长速度是世界经济平均增长率的近10倍。据安永会计师事务所（Ernst & Young）2011 年6 月14 日发布的生物技术行业年报，2010 年生物技术行业产值稳步增长，是继2009年全球生物技术产业首次实现全行业盈利之后的第二次盈利年。截至2010年底，全球（主要是美国、加拿大、欧洲和澳大利亚）约有生物技术企业4700多家，上市生物技术公司622家。上市生物技术公司总收入846亿美元，研发投入228亿美元，净盈利47亿美元，比2009 年增长30%。

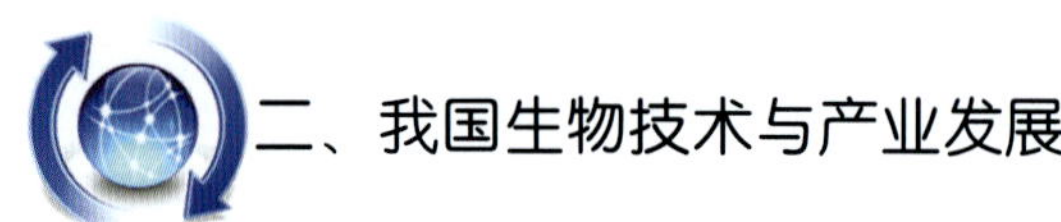

二、我国生物技术与产业发展

（一）国家政策大力支持

生命科学和生物技术将极大影响21世纪人类的发展，我国政府也高度重视生物科技和产业的发展。2010年10月10日，国务院颁布《关于加快培育和发展战略性新兴产业的决定》，将生物产业列为重点培育和发展的七大战略性新兴产业之一。这是继2009年6月国务院办公厅印发《促进生物产业加快发展的若干政策》明确提出“加快把生物产业培育成为高技术领域的

支柱产业和国家的战略性新兴产业”后又一重大举措，生物技术与产业的战略地位进一步明确。

2010年是“十一五”的总结年，也是“十二五”的规划年。科学技术部、发展改革委员会、财政部、农业部、卫生部、国家食品药品监督管理局、国家知识产权局、中国科学院、中国工程院、自然科学基金委员会、中国人民解放军总后勤部卫生部等部门积极谋划“十二五”生命科学与生物技术领域发展规划。多个地方省市如北京、江苏、福建、湖南、云南、浙江、四川、湖北、上海等也发布生物产业“十二五”规划，以及制定促进产业发展的相关政策，生命科学与生物技术产业区域创新体系建设迎来重大发展机遇。

2010年，以国家重点基础研究发展计划（“973”计划）、重大科学研究计划、高技术研究发展计划（“863”计划）、重大科技专项、支撑计划和国家自然科学基金等国家科技计划为主要依托，国家科技计划体系紧扣国际生命科学和生物技术发展前沿，面向国家经济社会发展需求，支持、部署一批重点项目和课题，推动我国生物技术科技创新及产业发展。

2010年，科技部863计划生物和医药技术领域办公室多次组织专家研讨、修改完善了“十二五”863计划生物和医药技术领域战略研究报告。经过863计划连续24年的支持，我国发展生物技术与产业已经具有了良好的基础，基本完成了技术积累阶段。“十二五”是生物技术产业发展的重要时期。为此，针对国际生物技术及产业发展的趋势与方向，根据我国社会和经济发展对生物技术的需求，制定了切实可行的方案与规划，对“十二五”863计划生物和医药技术领域进行了顶层设计和总体部署。

科技部2010年确定了调研课题“促进生物产业发展重大问题研究”，由科技部社会发展科技司牵头，会同农村科技司、高新技术发展与产业化司、中国生物技术发展中心、中国农村技术开发中心、中国21世纪议程管理中心、高技术研究发展中心，分别围绕医药生物技术、农业生物技术、工业生物技术、资源安全生物技术、海洋生物技术等领域进行了调研。在调研基础上，根据《我国国民经济和社会发展“十二五”规划纲要》，编制了《生物技术发展“十二五”专项规划》。规划重点任务涵盖了基础研究、应用研究和产业化层面，主要通过国家重大专项、973计划、863计划、科技支撑计划等科技计划落实。重点任务按年度、分步骤、有计划地在对应的国家科技计划中组织实施，并按照各计划的组织实施管理模式执行，科学、合理、有效地配置资源，全力促进生物技术

研究开发、产业化、企业创新能力建设等工作，形成强大合力，推进我国生物技术及产业快速发展。

同时，围绕培育和发展战略性新兴产业，科技部社会发展科技司和中国生物技术发展中心组织专家共同编制了《“十二五”先进生物制造科技重点专项规划》。规划针对我国工业生物技术领域的战略需求和新兴生物制造产业的发展需要，结合工业生物技术的核心作用，确定以可再生碳资源取代化石资源的工业原料路线替代，以绿色高效生物催化剂取代化学催化剂的工艺路线替代，以现代生物技术提升传统生物化工产业的“两个替代、一个提升”，作为主要努力方向和科技任务目标。根据国际发展态势和国内产业与科技现状，全面布局，重点突破，抓住生物技术创新的核心，着力突破一批核心关键技术，加快建设一批具有核心实力的创新基地，积极培育一批高水平科技人才，建立战略联盟，全面提高技术竞争能力与成果产业化能力，促进我国生物制造产业的跨越式发展。

继续推动地方生物和医药产业基地与园区的发展。近年来，地方政府积极推动生物产业园区的发展，除国家发改委认定的22家国家生物产业基地外，许多省市还陆续建立了各具特色的生物医药园区。2010年，国家科技部批准建立国家辽宁（本溪）生物医药科技产业基地。

生物技术作为发展最为迅速的科技领域之一，多层次的多边科技合作与交流的重要性正变得日益突出。2010年，继续深入推进生物技术领域的国际科技合作和交流。科技部国际合作司为华药集团公司“微生物和生物技术创新药物研发国际科技合作基地”授牌；科技部、卫生部、国家中医药管理局、国家食品药品监督管理局等国家15个部委和四川省人民政府共同主办了第三届中医药现代化国际科技大会，以此为平台，推动广泛国际交流和合作；国家自然科学基金委员会与美国国立卫生研究院签署合作谅解备忘录，双方将在健康科学领域开展人才培养和人员交流、双边学术研讨会以及实质性研究等方面的合作。

（二）论文与专利的国际地位不断提升

2010年，我国生命科学与生物技术领域被SCI收录的论文共计27,002篇[4]，比2009年增长了15.99%（图1-3）。近三年，我国在*Cell*、*Nature*、*Science*（CNS）三大期刊

4 文献类型为Article+Review+Letter，检索时间为2011年9月5日。因数据库录入原因，中国的数据包括中国大陆、中国香港和中国澳门地区的文献，不包括中国台湾地区的文献，下文提到中国的文献和专利，范围与此相同。

上发表的论文数量持续增长。其中，2010年在CNS期刊共发表论文88篇，在国际CNS论文发表国家中排名第8位（表1-3）。

表1-3 2008—2010年我国生命科学与生物技术领域的CNS论文及世界排名

年份	CNS论文量（篇）	国际排名
2008	40	13
2009	61	8
2010	88	8

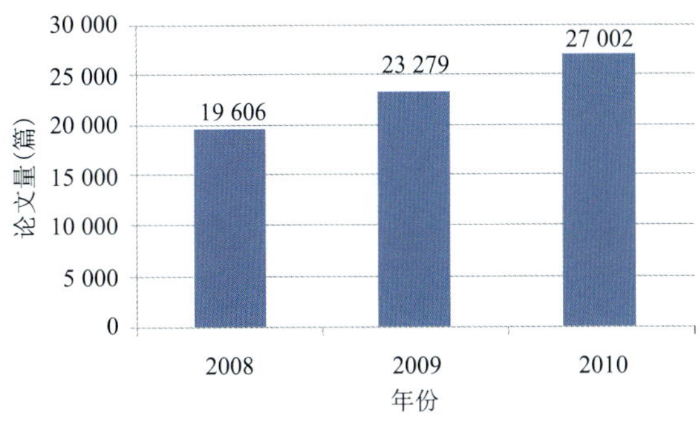

图1-3 2008—2010年中国生命科学与生物技术领域被SCI收录的论文量

2010年，我国在生命科学与生物技术领域发表论文最多的是中国科学院，共发表论文4276篇，占中国生命科学与生物技术领域SCI论文总量的比例为15.84%；排名第二的是浙江大学，共发表论文1212篇，占中国生命科学与生物技术领域SCI论文总量的4.49%；排名第三的是上海交通大学，共发表论文1021篇，占中国生命科学与生物技术领域SCI论文总量的3.78%。排名第4~6位的分别是复旦大学、北京大学、中山大学(表1-4)。

表1-4 2010年中国生命科学与生物技术领域SCI论文量排名前10位的机构

机构	论文量（篇）	占中国论文总量的比例（%）
中国科学院	4276	15.84
浙江大学	1212	4.49
上海交通大学	1021	3.78
复旦大学	957	3.54
北京大学	899	3.33
中山大学	745	2.76
四川大学	693	2.57
中国农业大学	655	2.43
香港大学	624	2.31
中国医科大学	615	2.28

注：文献类型为Article+Review+Letter

2010年，中国在生命科学和生物技术领域被SCI收录论文数量最多的学科是生物化学与分子生物学，论文数量达5822篇，占中国生命科学与生物技术领域SCI论文总量的21.56%；其次是药理学与药学，论文量为3538篇，占中国生命科学与生物技术领域SCI论文总量的13.10%；排名第三的是生物技术与应用微生物，论文量为3481篇，占中国生命科学与生物技术领域SCI论文总量的12.89%（表1-5）。

表1-5 2010年中国生命科学与生物技术领域SCI论文量排名前10位的学科

学科	论文量（篇）	占中国论文总量的比例（%）
生物化学与分子生物学	5822	21.56
药理学与药学	3538	13.10
生物技术与应用微生物	3481	12.89
植物科学	2656	9.84
神经科学	2145	7.94
细胞生物学	2142	7.93
生物化学研究方法	1767	6.54
免疫学	1553	5.75
生物物理学	1449	5.37
遗传学	1441	5.34

注：同一篇文章可同时分属不同的学科领域

2010年，我国生物技术领域公开的专利数量为13,309件[5]，世界排名第二（表1-6），仅次于美国，比2009年增长了21.25%。

表1-6 2008—2010年我国生物技术领域的专利量及世界排名

年份	专利量（件）	世界排名
2008	8535	5
2009	10481	3
2010	13309	2

注：按公开年统计

2001—2010年，我国公开的专利强度为5分的专利共755件。十年来，我国每年公开的专利强度为5分的专利数量总体呈增长趋势，尤其是2002—2003年间增长迅速。2010年达到128件，比2009年增加28%(图1-4)。

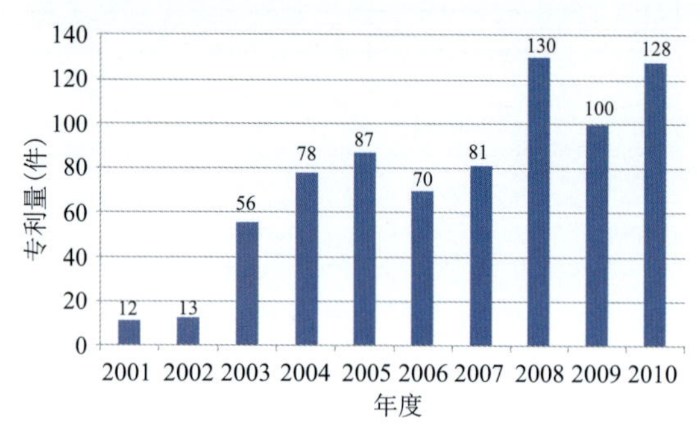

图1-4 2001—2010中国生物技术领域专利强度为5分的公开专利情况

通过IPC进行专利的学科分布分析，在生命科学与生物技术，我国的专利分布于C12N 00/000（微生物或酶的组成、制备与保存）、C12Q 00/000（酶或微生物检测过程）、C12P 00/000（发酵或使用酶的过程），专利量分别是354件、32件和7件。另外，农业生物技术（A010 00/000）相关的专利为38件，医药生物技术（A610 00/000）相关专利为84件，有机化学相关的生物技术专利（C070 00/000）为71件。

（三）生物技术产业快速发展

近年来，我国生物技术产业取得较大进展。基因组学、蛋白质组学、干细胞技术等前沿生物技术不断创新，推动了生物产

5 检索数据库和检索时间同国际专利。

业的发展；甲型H1N1流感、乙肝等重大传染病和癌症、心血管等重大疾病防治技术的突破，为服务民生健康提供了有力技术支撑；超级稻、抗虫棉等一批农业生物技术先进成果的推广应用，为农业发展作出了重要贡献；生物化学品、生物能源等生物制造产品的开发，对于推动工业领域的节能减排发挥了重要作用。

2008年我国生物技术产业总规模近1.1万亿元，并以每年近20% 的速度增长。2010年我国生物产业总产值从2009年1.3万亿元攀升至1.5万亿元。抗生素、疫苗、有机酸、氨基酸等多种生物产品产量位居世界前列，生物医药、生物制造、生物农业正在成为新的经济增长点。

“十一五”期间，在“重大新药创制”科技重大专项的支持下，共有16个品种获得新药证书，24个品种提交新药注册申请，17个品种完成全部研究工作，41个品种进入临床Ⅲ期研究阶段，96个品种进入临床Ⅰ、Ⅱ期研究阶段。其中，有10多个由我国自主研制的新药在发达国家进行药物临床试验，近2/3的新药是我国在世界上首次确定化学结构和作用靶点的一类新药，已接近国际先进水平。

根据国家食品药品管理局的统计，2010年共受理药品注册申请4734件。在境内申请中，新注册申请1702件，其中新药712件。共批准药品注册申请1000件，其中，批准境内药品注册申请886件，批准进口114件。在境内药品注册申请中，新药有124件，占14%；改剂型111件，占13%；仿制药651件，占73%。

参考文献

[1] Anan Li, Hui Gong, et al, 2010, Micro-Optical Sectioning Tomography to Obtain a High-Resolution Atlas of the Mouse Brain，*Science*, 330(6009):1404-1408

[2] Laixin Xia, Shunji Jia, et al., 2010,The Fused/Smurf Complex Controls the Fate of Drosophila Germline Stem Cells by Generating a Gradient BMP Response, *Cell*, 143(6): 978-990

[3] Shangyu Dang, Linfeng Sun, 2010, Structure of a fucose transporter in an outward-open conformation，*Nature*,467:734-738

[4] Xiao-Wei Zhang, Xiao-Jing Yan, et al., 2010, Arsenic Trioxide Controls the Fate of the PML-RARα Oncoprotein by Directly Binding PML, *Science,* 328(5975):240-243

[5] Yongqing Jiao, Yonghong Wang, et al. 2010, Regulation of OsSPL14 by OsmiR156 defines ideal plant architecture in rice, *Nature Genetics*, 42(6):475-6

[6] Yuanchao Xue, Yu Zhou, et al., 2009, Genome-wide Analysis of PTB-RNA Interactions Reveals a Strategy Used by the General Splicing Repressor to Modulate Exon Inclusion or Skipping, *Molecular Cell,* 369(6): 996-1006

[7] 中华人民共和国科技部，国际科学技术发展报告2010，科学出版社出版，2010.11

[8] 2010年世界科技发展回顾，http://www.bjkp.gov.cn/bjkpzc/kjqy/rkx/332512.shtml [2011-5-13]

[9] President’s Budget, /http://www.bjkp.gov.cn/bjkpzc/kjqy/rkx/332512.shtml [2011-4]

第二章 前沿生物技术

生物技术的研究与开发涉及医药卫生、轻工食品、能源化工、航天、农业和环保等很多领域。近年来，基因组学和蛋白质组学的研究正在引领生物技术向系统化研究方向发展，基因组序列测定与基因结构分析已转向功能基因组研究以及功能基因的发现和应用；药物及动植物品种的分子定向设计与构建已成为种质和药物研究的重要方向；干细胞、组织工程、合成生物等前沿技术的研究与应用，孕育着诊断、治疗及再生医学的重大突破，带来新一轮技术革命的浪潮，为解决人类当前所面临的资源、能源、环境等难题提供重要的技术手段。本章重点聚焦高通量测序技术、干细胞技术、合成生物技术、纳米生物技术、生物影像技术、生物信息技术、分子标记技术、蛋白质定量与修饰分析技术等前沿热点技术，主要反映各领域2010年的国内外重大进展及未来发展趋势。

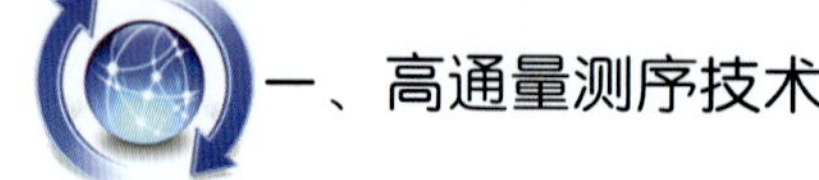

一、高通量测序技术

随着人类基因组计划的完成，开始进入后基因组时代，科学家们渴望以最便捷的途径、最快的速度以及最低的成本获得更大规模的DNA序列数据。“第一代”DNA测序技术显然难以胜任，“新一代”DNA测序技术，即“高通量DNA测序技术”便应运而生，近五年来已经成为生物医学领域中发展最快、影响最大、应用广泛的前沿热点技术之一。

“第二代”DNA测序技术主要有罗氏（Roche）公司应用焦磷酸测序原理的454测序技术及在454基础上的GS FLX、GS Junior测序平台、Illumina公司基于合成测序原理的新一代Solexa Genome Analyzer测序平台、ABI公司使用连接技术的SOLiD™测序平台和美国Azco Biotech公司的Polonator系统等。“第二代”DNA测序技术能够很好应用于基因组从头测序、单核苷酸多态性

（single nucleotide polymorphism，SNP）和基因组结构多态性（structure variation）等个体基因组重测序研究，同时可以在全基因组层次上研究mRNA和相关小RNA的表达谱、DNA表观遗传修饰谱以及各种转录因子结合谱等与细胞基因转录调控有关的机制和功能研究，对探索人类的遗传及重大疾病的发生发展机制有重要的意义。“第二代”DNA测序技术具有测序准确性高，测序文库制备操作程序化，测序速度和通量提升快，测序成本低等特点。“国际人类基因组计划”利用Sanger测序法进行，其测序成本约为4亿多美元。到2010年底新一代测序技术已经能够达到“5千美元个体基因组测序”的目标。

在“第二代”DNA测序技术不断发展的同时，“第三代”的测序技术开始崭露头角。所谓“第三代”DNA测序技术，主要是指基于纳米孔（nanopore）、单个DNA聚合酶等基于单个DNA分子的碱基连续读取技术。“第三代”DNA测序技术的发展有可能为人类带来更加快速、成本更低的DNA测序产品。

（一）国际研究进展

1.“第二代”高通量测序技术

2010年，在“第二代”高通量测序技术领域中，Illunima公司和ABI公司先后发布了新款测序仪，改进了原有机型，测序通量进一步大幅度提升，测序成本不断降低，已经进入了数千美元测一个人全基因组的时代。表2-1给出了国际上“第二代”DNA测序仪生产单位及其达到的指标。

（1）Illunima公司“第二代”DNA测序仪

2010年初，Illumina公司将其“第二代”DNA测序仪Genome Analyzer IIx升级到HiSeq 2000。HiSeq 2000含有两张Flow cell，可同时运行或者只运行其中一张，读长为100nt，同时支持Fragment、Pair-end和Mate-Paired文库，每次运行最多可产生200 GB的数据量（读长为2×100nt）。

（2）ABI公司SOLiD测序技术

ABI公司于2010年末发布了最新产品——SOLiD 5500xl测序平台。从SOLiD到如今的SOLiD 5500xl，短短3年时间，连升五级，发展速度惊人。目前最新款SOLiD 5500xl含有两张微流体芯片（microfluidic FlowChip），每张芯片含有6条相互独立的运行通道（run lane）。每条通道都能运行相对独立的测序反应，这样的设计使得SOLiD 5500xl测序平台极具灵活性。最大测序读长为75nt，同样支持Fragment、Pair-end和Mate-Paired文库。单次运行能得到的最大数据量为300Gb（使用最新设计的纳米珠）；测序的系统准确性能达到99.99%。

表2-1 国际上"第二代"DNA测序仪生产单位及其达到的指标

公司	Roche	Illumina	Life Technologies		Azco Biotech, Inc
测序仪型号	GS FLX	HiSeq 2000	SOLiD 5500xl	Ion Torrent	Polonator G.007
工作原理	焦测序（生物发光检测）	合成测序（荧光检测）	连接测序（荧光检测）	合成测序(pH敏感场效应管阵列芯片)	连接测序（荧光检测）
通量/run	700MB	200GB	180GB	100MB（Ion 316芯片）	—
时间/run	24小时	8天	7天	小于24小时	—
读长	1000bp	2×100bp[1]	2×60bp[1]	300bp	—
准确率	99.97%	>99.9%	99.99%[2]	99.9%	—

2. "第三代"高通量测序技术

在"第二代"DNA测序技术发展的同时，科研人员也一直关注"第三代"DNA测序技术的发展。目前，"第三代"测序技术中比较具有代表性的测序平台包括：Pacific Biosciences公司单分子实时测序技术（single molecule real time，SMRT）；Oxford Nanopore公司的纳米孔测序技术（nanopore sequencing）和Helicos公司的基因分析系统（Genetic Analysis System）等。其中Helicos公司是最早开发出单分子测序仪和测序试剂产品的公司，其测序原理主要是依据合成测序原理。由于其在碱基读取效率比较低、准确度较差以及成本等方面的不足，公司产品一直没有实现有规模的销售。Pacific Biosciences公司采用Z波导光学检测模式，大幅度提高荧光检测的灵敏度，从而实现合成测序过程的实时检测，在测序速度和测序读长方面有了大幅度提高。表2-2给出了国际上"第三代"DNA测序仪主要研发单位及其达到水平。纳米孔测序技术中纳米孔可以分为纳米孔蛋白质和人工制备的固体纳米孔两类。

表2-2 "第三代"DNA测序仪相关研发单位及其达到水平

公司	Helicos	Pacific Biosciences	VisiGen	Moebius Biosystems	Oxford Nanopore Technologies	NABsys	IBM	Intel	Noblegen
成熟度	产品	产品	原型样机	原型样机	原型样机	—	—	—	—
工作模式	单分子DNA聚合酶的合成测序。通过检测荧光信号实现碱基分步读取	单分子DNA聚合酶的合成测序。通过检测荧光信号实现碱基连续读取	单分子DNA聚合酶的合成测序。通过检测荧光共振能量转移（FRET）信号实现碱基连续读取	单分子DNA聚合酶的合成测序。通过检测聚合酶构象信息实现碱基连续读取	纳米孔阵列测序，结合核酸杂交信息技术	纳米孔阵列测序，结合核酸杂交技术	纳米孔测序，结合场效应器件电位检测技术	纳米孔测序，结合电化学检测技术	纳米孔阵列测序，结合荧光标记技术
通量	21-35 Gb/run	75 Mb/cell	—	6 Gb	—	—	—	—	—

续表

公司	Helicos	Pacific Biosciences	VisiGen	Moebius Biosystems	Oxford Nanopore Technologies	NABsys	IBM	Intel	Noblegen
运行时间	>14天	<1天/运行	-	-	-	-	-	-	-
读长	35b	>1 Kb	50b	>1Kb	-	-	-	-	-
设备价格	>100万美元	>70万美元	-	-	-	-	-	-	-
错误率	较高	单次测序的误差<15%，循环测序误差<8%，软件校正后可达到1%	-	-	-	-	-	-	-

此外，据日本大阪大学产业科学研究所的科研人员在*Nature Nanotechnology*报道，他们利用扫描隧道显微镜成功地识别出单个DNA分子上的核苷酸碱基，验证了根据纳米电极间的电流值识别碱基分子种类的可行性。

（二）我国研究进展

在人类基因组计划中，我国完成了1%的测序任务，显示了我国在DNA测序领域已经达到了国际先进水平。我国“新一代”DNA测序技术的研发始于2005年，起步不算晚。2010年，我国在高通量DNA测序技术方面取得了一系列关键性突破。在“第二代”DNA测序仪的研制方面，我国已有多家单位研制出了产品样机，并已经应用这些产品产生了大量的实际数据。表2-3给出了国内较早开展“新一代”DNA测序仪研发的三家单位及其公布的产品指标。客观地说，我国新一代测序技术的发展仍处于跟踪性阶段，目前国内“第二代”测序仪产品的水平大约落后于国际同类产品二年左右，并且随着国际大公司的先发优势和巨大投入，这种差距可能会被不断拉大。

1. 启动“第三代”DNA测序仪的研发

中国科学院北京基因组所与浪潮集团于2009年12月成立了“中国科学院北京基因组研究所——浪潮基因组科学联合实验室”，着力研发国产“第三代”DNA测序仪，预计第一台样机将于2013年问世。2010年由东南大学主持的国家重点基础研究发展计划（“973计划”）“基于微纳制造的第三代基因测序系统的基础理论研究”开始启动，该项目将致力于新型纳流体结构和纳米孔结构的仿真和制备，探索其在DNA测序中的应用。上海交通大学较早地开展单分子DNA

测序技术的研究，并提出了以外切酶辅助的纳米孔单分子核酸测序技术方法，采用基于碳纳米管的二维可控纳米孔，作为检测外切酶释放的脱氧核苷的高通量传感器，实现快速、高精度和高通量测序；中国科学院微电子研究所进行了DNA分子通过纳米孔的分子动力学模拟研究，提出了利用不同核苷酸通过纳米孔时导致的微分电导不同来实现DNA的区分与检测的构想，论文在国际学术刊物“应用物理快报”2010年97卷第4期上发表，并为选为封面文章。

2. 开发出具有自主知识产权的高通量DNA测序技术

2010年4月1日，由中国科学院北京基因组研究所与中国科学院半导体研究所共同承担的中科院重大科研装备研制项目“模块化DNA分析系统”项目，通过专家组评审验收。该项目的完成，标志着我国在第二代DNA测序仪研发方面，形成了具有自主知识产权的高通量DNA测序技术及其系统样机，在高端生命科学仪器装备国产化方面取得了突破性进展（表2-3）。

表2-3　国内研发“第二代”DNA测序仪的三家单位及其公布的产品指标

公司	东南大学/无锡艾吉因生物信息技术有限公司	中国科学院基因组所/半导体所	深圳华因康基因科技有限公司
测序仪型号	AG100A	BIGIS-1/BIGIS-4	PSTAR-II
工作原理	硫代核苷合成测序/连接测序（组合编码测序）	焦磷酸测序	连接测序
通量/run	10GB	200MB/800MB	<1.2 Gb
时间/run	7天	15小时/60小时	1~5天
读长	2×35 bp[1]	650bp	10~30bp
准确率	99.9%	99.5%	99.9%

2010年底，由东南大学生物电子学国家重点实验室承担的“十一五”863计划重点项目“生物芯片仪器与试剂”的子项目“低成本快速基因组测序技术和装备”通过了科技部的验收。该项目突破了多项关键的核心技术，获得了10多项国家发明专利，研制出4台AG-100型高通量基因测序系统产品样机以及相应的测序芯片和试剂等产品，达到了SOLiD 2型高通量测序仪的水平，其中2台AG-100A型高通量测序仪已经在国内相关的基因组研究和应用单位试用，产出了大量的有效数据。该成果已经由东南大学通过无锡艾吉因生物信息技术有限公司转化，正在形成生产能力。

深圳华因康基因科技有限公司于2010年在我国推出高通量基因测序仪（图2-1），

包括全套的生物试剂和信息系统分析软件。该系统运用其特有的单分子扩增设备、微纳米加工、微体积溶液控制、高速分子化学反应、大面积高通量成像等多项创新技术，实现了基因测序高通量、平行自动化平行测序，经中国科学院生物物理研究所等单位鉴定，各项主要性能指标均达到了国际同类产品的水平。

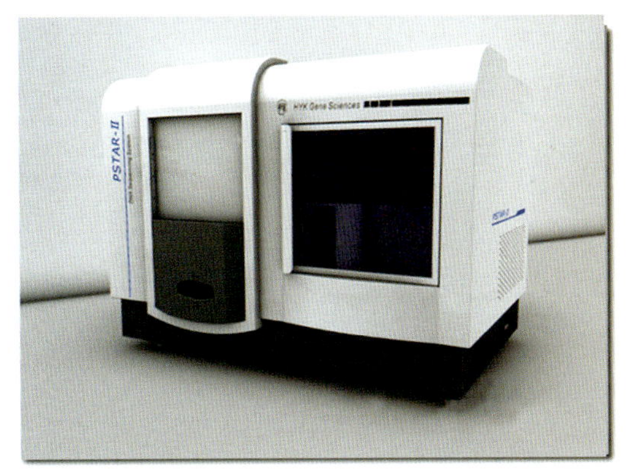

图2-1　深圳华因康基因科技有限公司推出的高通量基因测序仪

3. 利用高通量DNA测序技术完成一系列基因组测序工作

虽然我国在测序仪的研发上还落后于世界先进水平，但从参与人类基因组计划开始，我国科学家应用国外的测序设备在测序研究上还是取得了一系列令人瞩目的成绩。

2010年，我国科研人员利用高通量DNA测序技术完成了多个物种的基因组测序工作，比较重大的成果包括：

（1）中国科学院基因组研究所、中国科学院上海生命科学研究院植物生理研究所等机构的研究人员在*Nature Genetics*上发表文章，结合“第二代”测序技术和自主开发的基因型分析方法，构建了高密度的水稻单体型图谱，并对籼稻品种的14个重要农艺性状进行全基因组关联分析，确定了这些农艺性状相关的候选基因位点。

（2）香港中文大学、华大基因研究院、农业部基因组重点实验室、农业科学研究院等机构联合对17株野生大豆和14株栽培大豆进行了全基因组“重测序”，共发现了630多万个SNP（单核苷酸多态性位点），建立了高密度的分子标记图谱，研究成果以封面故事刊的形式登在*Nature Genetics*上。

（3）由深圳华大基因研究院、中国科学院昆明动物研究所、中国科学院动物研究所、成都大熊猫繁育研究基地和中国保护大熊猫研究中心等机构共同完成的《大熊猫基因组测序和组装》项目，以封面故事形式在国际权威杂志*Nature*上发表，并获评“2010年中国十大科技进展”。

（三）展望

开发出高通量、高准确性、低成本的DNA测序技术对于基因组学研究具有深远的意义。“第二代”测序技术的不断提升，以及“第三代”高通量测序技术的成功研发，都预示着高通量DNA测序技术领域必将拥有

非常光明的未来。

目前，国内外“新一代”DNA测序系统还主要集中在科研应用领域。可以预计，随着测序成本的不断降低、测序速度的进一步提高以及测序文库制备的自动化等相关技术的不断发展，“新一代”测序技术将很快进入市场需求最大的临床诊断和个体化医疗领域。

虽然测序技术越来越成熟，成本也越来越低，但是大量的数据存储和分析是紧接着的又一个挑战；目前，人们从基因组序列信息中能解释的生物学现象和机制还很有限，即使获得了基因组信息，如何去解释和应用它，仍是个长远的问题。

我国在高通量DNA测序技术领域的发展相对滞后于国际先进水平，但随着拥有自主知识产权的技术的开发，以及国产测序仪器的问世，我国将有望摆脱西方国家对这一技术的垄断，测序成本可以获得进一步的缩减，这将有利于我国在基因组学研究领域的发展进程。

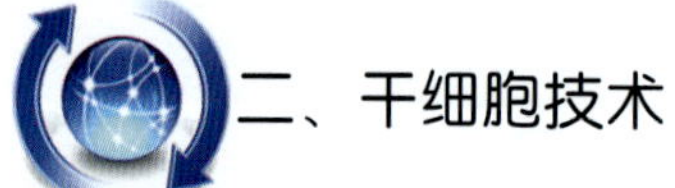

二、干细胞技术

干细胞是生物机体内一类未分化细胞的总称，这类细胞具有自我更新和分化成为多种细胞的能力。干细胞这一独特的特性使得科研人员从中看到了多种疾病治疗的希望。干细胞可以分化成为特定细胞类型，替代机体内受损或缺失的细胞，从而恢复组织器官的正常功能，达到治疗疾病的目的。目前，国际上针对多种疾病的干细胞治疗，如血液疾病、神经退行性疾病等，都已经开展了大量的研究，并取得了令人鼓舞的成果，一些干细胞疗法已经进入临床试验阶段，有望在不久的将来实现真正的临床应用。

在干细胞相关技术领域，如果按照不同干细胞类型分类，大致可以分为胚胎干细胞技术、成体干细胞技术、诱导多能干细胞（iPS细胞）技术等；按照应用领域分类，又大致可分为干细胞获取技术、干细胞培养技术、干细胞分化技术、iPS细胞诱导技术、干细胞移植技术等。

2006年，日本科学家Yamanaka 首次报道了iPS细胞技术。这个技术一经报道，立刻受到干细胞研究界的广泛关注。iPS细胞拥有最类似于胚胎干细胞的特征，且不存在伦理问题。理论上可以将任意成体细胞转变为iPS细胞，因此具有广泛的应用前景。然而，在对iPS技术的研究过程中，研究人员逐渐发现，现实中的iPS细胞并没有理论上的那么完美，而是存在一系列缺陷，如基因变异、致瘤性、记忆性等。这些缺陷无疑阻碍了iPS细胞的应用，是科研

人员在未来需要努力攻克的科学问题。

（一）国际研究进展

纵观2010年国际干细胞技术领域的研究，iPS细胞技术仍然是关注的焦点，同时，胚胎干细胞向临床转化的进程也进一步推进。

鉴于iPS细胞存在诱导效率低、致瘤性以及“记忆性”（Polo et al，2010）等问题，研究人员一直都在致力于开发更加高效、更加安全的iPS细胞诱导技术，以期实现对iPS细胞的不断优化，从而增强其应用于临床的潜力。2010年，美国波士顿儿童医院（Children’s Hospital Boston）和哈佛大学等机构的科研人员共同研发出以mRNA作为载体的新型高效iPS细胞重编程技术（Warren et al，2010）。该技术大大提高了诱导的效率，同时避免了癌变和机体先天抗病毒免疫反应的风险。这一成果被美国时代周刊（*Time*）选入“2010年十大医学突破”，被*Science*杂志评选为“2010年十大科学突破”。此外，许多研究人员还在探寻跳过iPS细胞阶段，直接实现体细胞之间的相互转化，2010年，科研人员实现了将成纤维细胞直接转化为心肌细胞、造血细胞及神经细胞等（Ieda et al，2010;Eva Szabo et al,2010; Thomas Vierbuchen et al，2010）。

2010年的另一重大突破是在干细胞临床应用领域。美国食品与药品管理局（FDA）批准了两例胚胎干细胞治疗疾病的临床试验，这在世界上尚属首次。两个获得批准的公司为杰龙公司（Geron）和先进细胞技术公司（ACT），两例临床试验分别用于治疗急性脊髓损伤和遗传性黄斑营养不良。此外，英国药品和健康产品管理局（Medicines and Healthcare Products Regulatory Agency，MHRA）也批准了英国首例胚胎干细胞治疗视网膜黄斑变性的人体临床试验。

除了上述研究获得重大突破外，从不同组织获取干细胞的技术、干细胞培养技术的优化（Seki et al，2010；Loh et al，2010；Staerk et al，2010）、干细胞系的建立、促进干细胞向不同方向分化等技术方面，也取得了较大发展。

（二）我国研究进展

2010年，我国干细胞技术的研发同样以iPS细胞技术为重点，针对其他类型技术的研究也大多仍然处于机理探究的阶段。

1. iPS细胞技术领域取得重大突破

iPS细胞出现伊始，我国科研人员便迅速抢占了先机，使我国的iPS细胞技术获得了长足的发展，可以说目前已经跻身世界强者之林。2010年我国在iPS细胞技术的研

究中，主要关注的领域包括iPS细胞诱导新方法的建立，iPS细胞重编程机制的研究，以及针对临床应用的病人特异性iPS细胞的构建等。这与目前国际上iPS细胞技术的发展趋势基本一致。

其中，在iPS细胞诱导技术的优化方面，北京大学、中国科学院、北京生命科学研究所等机构的一大批科研人员获得了重要的进展，例如北京大学和中国科学院广州生物医药与健康研究院的研究人员分别利用Oct4结合其他小分子构建出单因子iPS细胞；此外，中国科学院广州生物医药与健康研究院和中国科学院动物研究所的研究团队还分别对iPS细胞的培养基进行了优化。这些研究成果均提高了重编程的效率，从而推进了iPS细胞重编程技术的发展。

在对iPS细胞重编程机制的研究中，我国科研人员同样取得了跨越性进展。中国科学院广州生物医药与健康研究院的研究团队发现间质-表皮转换（MET）过程对于iPS细胞的重编程具有至关重要的作用。该研究成果获得了霍华德·休斯敦医学研究所（Howard Hughes Medical Institute）和哈佛大学Konrad Hochedlinger博士的高度评价，Konrad Hochedlinger博士对这项研究成果特别发文点评，认为这些研究成果不仅是iPS细胞机理研究的突破性里程碑，也为继续改进iPS细胞技术提供了理论依据。

此外，在国际上首次实现将iPS细胞通过四倍体嵌合技术培育出具有繁殖能力的成体小鼠的中国科学院动物研究所研究人员，再次对相关技术进行了改进，同时还利用iPS细胞作为核移植的供体，获得了克隆小鼠，由于iPS细胞较体细胞在发育阶段上更为原始，更容易获得克隆动物，所以这一研究成果为克隆技术的发展提供了一条更为便捷的途径。

2. 胚胎干细胞技术获得重要进展

2010年，我国科研人员在胚胎干细胞建系方面继续有所突破。中国科学院动物研究所研究团队报道建立了Brown Norway品系大鼠的胚胎干细胞系，并获得了成年的嵌合体大鼠。中国科学院上海生命科学研究院健康科学研究所的研究团队也报道建立了3株人类胚胎干细胞系，其中2株被证实不会形成畸胎瘤，这一成果推进了人类胚胎干细胞临床应用的进程。

胚胎干细胞具备分化为几乎所有体细胞的能力，然而如何控制其向特定方向分化仍然是个“未解之谜”，因此，针对胚胎干细胞分化的机制研究也是2010年我国的研究重点，同时这也是国际上的研究趋势，相关研究不仅能够促进胚胎干细胞的应用研究，同时也为其他种类干细胞相关机制的研究铺平了道路。北京大学、中国

科学院和第四军医大学等机构的研究人员分别从不同角度在这一领域开展了研究，并从不同层次揭示了胚胎干细胞分化的内在机制。例如北京大学的干细胞研究小组在*Blood*上报道，研制了一种将人类胚胎干细胞分化成造血前体细胞的实验方案。该方案模拟体内发育进程，并且培养基成分明确，同时，研究人员还发现维甲酸可以促进造血前体细胞的生成。

3. 成体干细胞技术稳步推进

2010年，成体干细胞技术的研究稳步推进，主要关注领域包括成体干细胞相关机制的研究，以及相关应用领域。在成体干细胞分化机制的研究中，北京生命科学研究所的研究人员发现了模式生物果蝇生殖干细胞维持未分化状态的机制，同时还确定了果蝇卵泡细胞分化的调控通路。这两项研究成果分别发表在*Development*和*Genes Development*杂志上。中国科学院上海生命科学研究院健康研究所的研究人员发现了可能导致白血病的一条涉及干细胞的调控路径。在成体干细胞临床应用技术领域中，多家临床单位对造血干细胞移植相关的临床问题进行了进一步研究总结，此外造血干细胞用于肝脏疾病方面的研究成果也为成体干细胞临床应用的进一步完善提供了科学依据。

（三）展望

从目前国际上和我国开展的干细胞技术研究情况来看，胚胎干细胞和iPS细胞技术要真正应用于临床治疗还有很长的路要走。因此，在未来很长的时间内，基础研究仍然是我国干细胞科研人员需要着力攻关的领域，其中可能包括对iPS细胞重编程过程中涉及的多种机制的探索，对多能干细胞（主要包括iPS细胞、胚胎干细胞等）定向分化机制的研究，以及干细胞增殖及分化培养基的配制和优化等。与此同时，成体干细胞临床应用技术也应持续推进，从我国干细胞领域的发展情况看，如何保证干细胞技术在临床应用中的安全性可能是近年来我国科研人员需要加大力度探索的领域，包括干细胞技术标准化的问题，这一点也是将干细胞技术应用于临床的必经之路，值得深入探究。

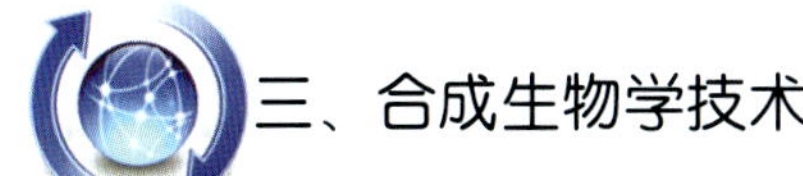

三、合成生物学技术

合成生物学（synthetic biology）是一个涉及生物学、工程学、遗传学、化学、微生物学、生物信息学及计算机科学等的交叉学科，目前尚无统一的定义，2009年12月，《自然·生物技术》在其专辑中就合成生物学的定义发表了20位专家

的看法。2010年美国生物伦理委员会的报告汇总大家的意见后得到共识：合成生物学是一个科学学科，其依赖于化学合成的DNA，通过标准化和自动化的组装和表达过程，创造具有全新的或增强了特征或性能的生物体，以满足人类的需要。

合成生物学既是多学科的交叉综合，又是充满挑战和机遇的创新研究。20 世纪90 年代以来，随着大规模基因组测序技术和分析方法的迅速发展和成熟，生命科学研究进入了基因组时代，其所取得的研究结果为合成生物学的产生奠定了广泛的理论基础，相关研究蓬勃发展。2004年，合成生物学被美国麻省理工学院出版的*Technology Review*（技术综述）评为“将改变世界的10大新技术之一”。2010年5月20日，美国克雷格·文特尔研究所（J. Craig Venter Institute）的科学家宣布在实验室中制造出世界首个人造生命细胞“辛西娅”（synthia），标志着合成生物学领域的重大突破，是合成生物学新的里程碑。2010年12月，*Science*杂志评出的十大科学突破，*Nature*杂志盘点的2010年12件重大科学事件中，合成生物学都名列其中。此外，《科学美国人》的2010年十大科学新闻、《时代》周刊的十大医学突破、《国际财经日报》的十大科学发现，以及我国《科技日报》的国际十大科技新闻均有合成生物学。2011年1月*Nature*杂志预测的2011年重要发现及事件中也包括合成生物学。

（一）国际研究进展

近几年来，合成生物学正以空前的方式，在基础及应用研究、技术方法及产业化等方面取得了很大的进展。

DNA合成技术是支撑合成生物学发展的重要技术之一，其在基因及调控元件的合成、基因线路和生物合成途径的重新设计组装，以及基因组的人工合成等方面都具有重要的应用。近几年来，DNA合成技术发展很快，成本越来越低。哈佛大学乔治·丘奇（George Church）教授及其研究团队利用取自高保真微阵列DNA库的选择性扩增，可以进行可扩展的基因合成。他们的技术可使合成一个核苷酸的成本小于1美分，其成果发表在2010年12月的《自然·生物技术》上。

基因调控是生命体的重要标志之一。基因线路研究是合成生物学的重要组成部分，这些研究不仅可更深入地了解生命的构成方式和调控原理，还可设计具有所需功能的基因元件，控制生命体的活性并进而构建合成生物系统。迄今为止，合成生物学家已经构建了具有各种功能的基因线路，主要包括各种反馈器和开关、逻辑门

(logic gate)、基因振荡器、计数器以及通用性的RNA元件等。例如，逻辑门是复杂数字电子线路的基本运算单元，基于电路中的逻辑门和真值表通过工程手段在活细胞中构建自动化的、可编程的分子计算元件是生物分子计算的一个主要目标，这些元件能够感应细胞或环境中某种分子的浓度而输出信号。2010年，研究人员构建了一种可以感应细胞内特定蛋白质浓度而调节基因表达水平的RNA元件。为了展示这些元件的应用潜力，他们将该元件作为预先编程的基因调控系统，植入细胞内来检测与疾病相关的蛋白质信号分子，使细胞可以根据蛋白质信号分子的浓度，来自动调节治疗基因的表达。通过特定的RNA元件，可对细胞中天然的基因表达调节网络进行重新接线，从而赋予细胞新的行为或控制细胞的行为，这在细胞天然途径和网络的改造中具有极大的应用价值。

多年来，美国的文特尔研究所（JCVI）一直从事合成基因组的工作。从2003年起，他们由合成的寡核苷酸，通过整个基因组组装，得到了一个合成的φX174噬菌体基因组。2010年5月20日，文特尔研究所人工合成了蕈状支原体基因组，并在山羊支原体细胞中成功复制、翻译并传代，得到了第一个具有化学合成基因组的活细胞。同年10 月，JCVI的研究人员发明了迄今最简单有效的基因合成技术，并以此合成了实验小鼠的线粒体基因组。

目前，合成生物学的应用很广，现有研究领域包括：一是利用合成生物学理念发展新型药物和治疗方法， 如更为高效和安全的疫苗，使用合成噬菌体以协助抗生素治疗和通过合成生物学手段控制病原微生物的传播等；二是发掘自然界基因资源，人工设计新型的生物合成途径，建立传统大宗及精细化学品的环境友好生产模式。这其中的一些重要例子包括使用光合微生物由CO_2直接合成各种生物能源产品， 如丁醇和可分泌性脂肪酸。三是通过利用人工设计的新型酶分子或组装新型的细胞工厂来生产自然途径不能产生的新型药物中间体及精细化学品。据美国生物技术产业组织报告介绍，合成生物学目前在化学品和医药中的应用，涉及的产品包括：生物柴油、生物异戊二烯、生物丙烯酸、生物表面活性剂、生物己二酸、生物可降解塑料（PHB和3-HB等）、西他列汀（2 型糖尿病用药）等，其中多项技术获得2010年美国总统绿色化学挑战奖。

合成生物学的基础和应用研究在过去5~6年中也催生了许多研发性的合成生物学公司，为合成生物学研究成果的转化提供了很好的技术平台，加快了产品产业化的进程。2003年，Jay D. Keasling以及他的

同事创办了Amyris 生物技术公司，公司在成功地发展了青蒿素合成技术后又转向开发重要生物能源产品，其产品很快将在巴西试生产。迄今，在美国约有Amyris等227家公司和大学研究机构从事合成生物学方面研究，在欧洲约有80家，全球成立了300多个以合成生物和组合生物合成技术为主体开发新药和化学品的生物技术公司和研究机构。2005年J. Craig Venter和诺贝尔奖获得者Hamilton O. Smith首创了合成基因组公司（Synthetic Genomics）。2010年12月，《工业生物技术》杂志刊登了排名前10位的风险投资支持的生物技术公司，其中大量的创投资金投资于生物燃料方面的合成生物学公司。例如，2010年7月，埃克森美孚公司与文特尔的合成基因组公司签订了进一步合作的协议，将投入6亿美元进行微藻生物燃料的研发。2009年年底，在美国自然科学基金资助下，加利福尼亚大学伯克利分校和斯坦福大学等建立了世界上第一个生物零件设计制造工厂——BioFab。国际一些著名企业也开展合成生物学的相关业务，美国旧金山LS9生物技术公司的研究人员通过基因工程方法对大肠杆菌进行了改造，可使其免去产生生物燃料的中间步骤，直接使用简单的糖或者杂草生成链烷烃。到目前为止，研究人员使用一个1000升的示范发酵罐，获得了10升链烷烃。

合成生物学产业的发展也得到了美国风险投资的推崇。在世界经济衰退、投资减少的情况下，加利福尼亚著名的风险投资公司Khosla Ventures 在过去几年连续投资了就多家以合成生物学技术作为重要平台的生物技术公司，包括 Amyris, LS9, Gevo 和Mascoma 等，这也反映出投资方对合成生物学技术的应用前景的信心。

合成生物学已在医学治疗学（therapeutics）研究中得到广泛应用，包括：发病机制（disease mechanism），药物靶标识别（drug-target identification），药物发现（drug discovery），治疗药物（therapeutic treatment），药物递送（therapeutic delivery）。特别是在药物研究与开发中合成生物学的应用获得了重要的进展。如治疗疟疾的特效药青蒿素来源于植物，是价格昂贵的药品，用合成生物学方法生产青蒿素，可使生产成本大大降低，效益显著提高。美国加州大学伯克利分校（University of California, Berkeley）Keasling教授用工程微生物生产抗疟疾药物青蒿素，用合成生物学方法改造微生物使得其能高效地生产青蒿素前体——青蒿酸，降低成本，推动大范围使用。目前，大部分癌症治疗药物都非常昂贵，紫杉醇是一个例子，紫杉醇的需求大大超过

了天然植物分离来源的供应和资源的消耗。德国Fraunhofer研究所（Fraunhofer Institute）Engels等在工程酵母菌中工程化产生紫杉醇的异戊二烯通路，以提高紫杉醇的产量，并使植物资源得到保护。此外，产量低、成本高的化学合成抗癌药物也需要用新的合成生物学方法来大规模生产。另一种方法是重新设计聚酮化合物生物合成途径，以产生新颖的药物。如在酵母中用生物合成通路工程技术，为药物生物合成构建一个新型聚酮合成酶。聚酮合成酶的模块结构显示了产物的装配生产线，这些模块的顺序将决定了药物合成的类型。该技术已成功地用于生产不同结构类型的天然产品，如两性霉素、西罗莫司等。

2011年9月14日，英国《自然》杂志（*Nature*）刊登一份研究报告，美国约翰霍普金斯大学医学院（Johns Hopkins University School of Medicine）的研究人员首次人工合成一种真核生物——酵母的部分基因组，目前含这种人工基因组的酵母正常存活。这是第一次在真核的复杂有机体中获得成功，标志着对细胞大规模基因组工程迈进了一步，为复杂细胞大规模工程研究奠定了基础。

（二）我国研究进展

近年来，我国对合成生物学的研究逐步重视，也有一定的投入。中国科学院专门建立了合成生物学重点实验室，一些高校的实验室或课题组也在从事相关的研发工作，例如基因组测序技术、DNA合成技术、基因组改造技术、系统生物学、生物信息学等已经有了许多积累。

与国际上合成生物学的飞速发展相比，中国在此领域的研究还处于起步阶段。在国际上有影响的相关重大成果仍不多见。但是，我国在合成生物学所需的相关支撑技术研究方面并不明显落后于国际主流水平，如大规模测序、代谢工程技术、微生物学、酶学、生物信息学等方面均有良好的基础。如何对现有研究力量进行整合，充分发挥在相关领域已有的良好研究基础，从医药、能源和环境等产业重大产品入手，抓住合成生物学的核心科学问题，创建可控合成、功能导向的新代谢网络和新生物体，引领中国合成生物学的原创研究和自主创新，是目前亟待解决的问题。

2008年，在以“合成生物学”为主题的第322次香山科学会议议上，来自国内外的40多位专家就“重塑生命”的相关话题展开了热烈讨论。与会专家指出，我国在生物学相关技术的研究与应用方面，如基因组测序技术、DNA合成技术、基因组改造技术、系统生物学、生物信息学等方面已经有了许多积累，可以说与发达国家几

乎处在同一起跑线上。但我国在合成生物学方向的研究还处在零星研究阶段。

目前，我国已经建立一些合成生物学的研究机构，包括组合生物合成与天然产物药物湖南省工程研究中心、中国科学院合成生物学重点实验室、天津大学-爱丁堡大学系统生物学与合成生物学联合研究中心、清华大学合成与系统生物学研究中心等。2009年成立的中国科学院合成生物学重点实验室，瞄准现代生物科学与技术的前沿，引领我国合成生物学的原创研究和自主创新，建立合成生物学的关键技术平台，重点针对能源、医药和环境等国家重大需求问题，进行生物学元件、反应系统乃至生物个体的设计、改造和重建的研究与技术开发。

天津大学基于细胞群体效应设计了一个两菌共生系统，利用两套群体效应信号传导系统和两个抗生素抗性表达基因，构建了两种大肠杆菌细胞（命名为ER 和EG）。ER细胞含有报告基因编码红色荧光蛋白（RFP），具有氨苄西林抗性和3OC6HSL信号分子的合成系统，控制EG细胞群体。EG细胞中含有报告基因编码绿色荧光蛋白（GFP），具有卡那霉素抗性基因和C4-HSL信号分子的合成系统，控制ER细胞群体。利用两菌组成的人工合成微生物生态系统和可控浓度的抗生素作为环境因素精心设计并构建了合成生态系统，它具有清晰的基因背景、相互定量关系。证实了初始菌群浓度和环境因素同时决定合成微生物生态系统中的不同群体的生长和变化，两群体构成的生态系统中以一种菌种为主，这种差别与抗生素压力抗性有关。群体感应在较宽的环境因素范围内都显示出较好的敏感性，可广泛应用于构建成更有实际应用价值的、可调控的工业生态系统。该研究发表于Plos One上。

中国科学院合成生物学重点实验室研究人员解析了重要产溶剂梭菌丙酮丁醇梭菌（*Clostridium acetobutylicum*）中木糖代谢途径，鉴定了与之相关的关键酶基因、转运基因和调控基因，并通过代谢工程手段解除了该菌的碳代谢物阻遏（carbon catabolite repression, CCR）效应，使其能同时、同等程度地利用葡萄糖和木糖两种底物进行溶剂的生物合成，从而克服了木质纤维素生物转化制造丁醇中的一个重要技术瓶颈。相关结果发表在*BMC Genomics*和*Metabolic Engineering*杂志。清华大学生命科学院微生物实验室合成了八个基因的代谢路径，使新型生物塑料3-羟基丁酸和4-羟基丁酸共聚物(P3HB4HB）可以从葡萄糖作为唯一的碳源中直接生产出来，成果发表在*Metabolic Engineering*（2010）杂志上，并在天津国韵生物材料公司中试

中。2011年，该室对恶臭假单胞菌模式菌KT2442基因组进行了删减，特别是对脂肪酸beta氧化途径进行了大幅度敲除，减小了其基因组，从而实现了把模式菌KT2442作为各种生物塑料PHA的生产平台的目标，成果也发表在*Metabolic Engineering*（2011）杂志上。最近，该室通过合成一条多个不同来源的基因的代谢路径，首次获得了含量高达90%的高强度材料聚(3-羟基丙酸)(PHP)的重组大肠杆菌，成果也将发表在*Metabolic Engineering*（2012）杂志上。中国科学院微生物研究所的研究人员在973计划、中国科学院知识创新工程重要方向项目和中国科学院创新团队国际合作伙伴计划资助下，获得了一株能够在丁醇浓度提高50%的胁迫环境下正常生长的突变株，还建立了梭菌属的第一张蛋白质组参考图谱，为梭菌属的蛋白质组学研究提供了基础数据。2011年中国科学院青岛生物能源与过程所研究人员构建了嗜热厌氧产乙醇杆菌（*Thermoanaerobacter ethanolicus*)共利用葡萄糖和木糖的全局网络，抽提出60℃高温下细胞利用碳源与合成乙醇的代谢与调控模块，并实验证明了通过碳源搭配来调控细胞网络，从而提高乙醇产量的可行性，为系统与合成生物学手段在发酵工程实践中的直接应用提出了一条新的思路；同时，该所研究人员实现了在大肠杆菌中从头合成生物柴油，并在蓝细菌中合成了脂肪醇。另外，天津大学构建了必需基因数据库（DEG），并探索了必需基因数据库的可能应用。清华大学、北京大学、天津大学、中国科技大学等近几年来，派出代表队参加国际基因工程机械设计大赛（iGEM），并取得了不菲的成绩。

在我国，合成生物学在药物研究与开发中的应用也获得了重要进展。如创新药物必特霉素，是中国医学科学院医药生物技术研究所卫生部抗生素生物工程重点实验室利用合成生物学方法在基因工程菌中产生的新型大环内酯类抗生素，目前已完成Ⅲ期临床研究，是国际上研发进展最快的合成生物药物。该必特霉素工程菌是在螺旋霉素产生菌中导入碳霉素产生菌中的异戊酰基转移酶基因克隆形成的。该所卫生部抗生素生物工程重点实验室对安莎类抗生素产生菌吸水链霉菌17997进行基因工程改造，获得了多个新结构的格尔德霉素衍生物，为该类抗生素的生物工程结构改造打下了良好的理论基础。该所抗生素生物工程重点实验室还对力达霉素产生菌进行基因工程改造，把单链抗体基因导入力达霉素产生菌中，获得了力达霉素抗体融合蛋白，使得该新型融合蛋白药物具有靶向性、特异性和高效性。中国医学科学院药

物研究所天然药物生物合成重点实验室在大肠杆菌中建立一个能够生物合成紫杉烯（紫杉醇生物合成的一个重要中间体）的代谢途径，该研究为其他萜类化合物中间体代谢工程研究提供坚实的物质基础。

微生物药物的合成生物学主要针对微生物次级代谢产物的高效合成开展研究，包括生物合成途径优化和次级代谢调控的基因回路理性重组，从减少次级代谢与调节网络冗余角度对生产菌进行工程化设计。随着众多的微生物药物生产菌全基因组测序完成，国内有关微生物药物次级代谢途径的解析、次级代谢调控元件与模块的挖掘及其工业化应用已经积累了一定的基础，合成生物学早已在微生物药物研究开发中得到应用，可以说微生物药物的合成生物学比其他领域的合成生物学更具产业支撑作用和更广阔的应用前景。2007年Cheng等构建了体外多酶全合成途径，在一个反应器内两个小时合成出天然抗生素-肠道菌素，这是世界上首次对一条完全的Ⅱ型聚酮化合物合成酶催化的天然产物途径的组装。华东理工大学课题组和中科院上海有机化学研究所课题组合作，利用合成生物学原理通过微调红霉素后修饰基因的表达比例成功消除了红霉素副产物B组分和C组分，提高了出口原料的合格率，并实现了300吨罐的产业化生产。浙江大学课题组针对纳他霉素高产菌恰塔努加链霉菌L10，利用组学技术挖掘生物合成涉及的主要合成与调控元件/模块（前体合成、产物合成、代谢调控、产物外运等），通过对途径特异性调控基因、多效调控基因AdpA、A因子调控元（包括合成酶基因scgA和scgX、受体蛋白基因scgR）等的作用机制解析和定向改造，优化生物合成途径和重组基因调控路线，最终10吨罐纳他霉素发酵水平达到10g/L。上海交通大学课题组成功实现了抗水稻纹枯病井冈霉素的异源重组装，浓缩了井冈霉素的必需合成基因，阐明了井冈霉素的生物合成机制，研究成果获得《自然生物技术》的高度评价；同时他们也利用合成生物学的理念和技术，通过结构域关键氨基酸的定点失活，成功消除了抗真菌杀念菌素的副产物，获得了高产最适有效组分的工程菌株，研究成果受到《自然中国》的专文评述。

（三）展望

随着合成生物学研究的迅猛发展，在基础研究方面，已经可在实验室构建具有可预测特性的遗传线路和模块，可以创造能够协同存在的新的细胞组合系统，可以构建像JCVI-syn1.0一样的“合成细胞”。在应用方面，可以构建一些新的高效的微生物菌株等。这些都表明合成生物学作为

一个新的多学科交叉领域，在构建生命、理解生命的基础科学研究中，在发展能源、医药、农业和其他产业的应用中，都具有巨大的潜力。2010年7月，美国的《研究与市场》预计，到2015年合成生物学产业市场将超过45亿美元。合成生物学现在的市场估计6亿美元，在未来的十年预计会超过35亿美元，也有更乐观的预测，到2015年将有20%的化工市场（约3600亿美元）取决于合成生物学。

目前，合成生物学的进一步发展仍然面临着技术创新和技术整合的瓶颈，需要应对多方面的挑战（表2-4）。如果采取措施解决了这些挑战，人们将不会再受限于技术或合成基因网络，而是通过研究人员的想象力和工具，真正利用合成生物学来解决问题，从而实现在能源、化工、环境等领域的应用。

表2-4 合成生物学面临的挑战及可能的应对措施

挑战	说明	应对措施
无法准确描述组件	生物组件可以是从编码特定蛋白的DNA 序列到能增强基因表达基因序列（启动子）的任何东西，但它们在不同类型的细胞中或不同的实验条件下表现不同：这些组件的作用以及组件何时出现，通常检测不出来	设立专门的机构，专业从事新的组件开发以及对已有组件鉴定的工作
基因网络难以预测	每个组件功能已知，但多个组件组装工作时，并不一定达到预期设想	电脑模拟、定向进化技术
复杂性难以处理	基因网络变得越来越大，基因网络的建设和测试过程也变得更加艰巨	研发自动化程序来组装基因组件、研发可让细菌来做工作的系统
组件不兼容	合成的基因网络构建好，放入细胞后，可能对其宿主细胞产生无法预期的影响	开发独立运转、不依赖细胞本身机制的“正交”系统
系统不稳定	合成生物学家必须确保基因网络功能的可靠性	物理隔绝合成的基因网络
多基因组的共存和功能表达	来源于不同种属、有不同能力的基因组如何共存、如何实现功能的叠加	基因组共存原理的研究
基因组最小化技术	定向删除费时、费力。如何实现最小基因组的进化删除?	开发基因组随机删除的简化子

四、纳米生物技术

纳米生物技术是指研究生命现象的纳米技术，它是纳米技术和生物技术交叉渗透而形成的一门新兴学科，同时涉及医学、药学、材料学、物理学、化学、量子学、电子学、计算机科学等众多领域的综合性交叉学科，它在生物医药领域有着广泛的应用和产业化前景，将在疾病诊断、治

疗、预防及组织器官修复、替代等方面发挥重要作用。

二十世纪八九十年代纳米技术刚刚兴起的时候，主要是以在电子产品上的应用为目标，到2000年前后才提出纳米技术在医药研究与临床应用领域的重要作用。之后，各国政府为了抢占纳米生物技术与纳米医药的制高点，纷纷斥巨资推进其研发。例如，美国政府2005年宣布启动“肿瘤纳米技术”计划，成立了“肿瘤纳米技术联合会”；2005—2006年由美国国立卫生研究院（NIH）出资在美国建立了20个纳米医学研究中心，开展了包括NIH纳米医学路线图（Nanomedicine Roadmap Initiative，NRI），国家癌症研究所纳米技术联盟，国家心脏、肺和血液研究所（NHLBI）纳米技术卓越项目（PEN），环境健康科学研究所（NIEHS）纳米健康事业计划（Nanohealth Enterprise Initiative，NRI）等纳米医学重大计划， 真正开展大规模系统性的研究。此外，纳米生物技术与纳米医药的研究也成为日本、德国、英国等发达国家的新热点。据BCC Research在2011年1月出版的报告《纳米生物技术：应用及全球市场》（*Nanobiotechnology: Applications and Global Markets*）数据，2010年纳米生物技术产品市场达到193亿美元规模，医学应用（包括药物传输和杀微生物剂）控制了当今市场，销售额高达191亿美元。此外，DNA测序也成为纳米技术的新兴市场（第三代DNA测序技术新突破）。

（一）国际研究进展

纳米生物技术发展迅速，在很短的时间内就取得了一系列可喜的成绩，研究成果层出不穷，有些成果已经进入或接近产业化阶段。例如，美国自NRI实施以来，在纳米技术的基础研究方面取得突破，在应用研究和产品开发方面，半导体芯片、癌症诊断、光学新材料和生物分子追踪等四大热点领域也快速发展。在疾病的探测方面，证明了纳米颗粒对疾病的诊断可以有更好的灵敏度，对众多疾病如肿瘤的早期诊断可望有很大帮助。日本北陆尖端科学技术大学最近宣布，该校前之园信教授带领的研究人员研制出直径约14纳米的金纳米粒子，在其表面覆盖厚度约4纳米的银薄膜后再覆盖一层厚度为0.1纳米的金，形成了金夹银的结构。这种金银纳米粒子可用于制作高灵敏度生物传感器，以帮助医生检查患者的血液、尿液或者基因诊断等。在疾病的治疗方面，发现了以纳米颗粒为载体的药物可以减少副作用，增加病变部位靶向性。最近，日本慈惠医科大学的研究人员 Yoshihisa Namiki和同事开发出一种治疗癌症的新方法，利用超微磁性纳米粒子在癌细胞集中的部位释放出核酸药

物，从而抑制癌细胞增殖。他们将携带最优化序列siRNA的磁性纳米颗粒注入小鼠的血管中，然后通过磁铁引导携带siRNA的纳米颗粒进入肿瘤，这种磁铁粘贴或是种植在肿瘤附近的皮肤下面。所用的siRNA经专门设计，用于沉默肿瘤血管中特定基因的表达；经过8次最优化剂量的注射后，这种特定的siRNA会到达目的地，并阻断肿瘤血管的生长。这种新型磁性纳米颗粒比目前已有的磁性纳米颗粒有更好的抗肿瘤效果，并有望广泛应用于多种癌症基因治疗的基因发送系统中。该研究结果已经发表于*Nature Nanotechnology*杂志上。目前，阿霉素脂质体纳米药物、紫杉醇的白蛋白纳米药物已经进入市场，同时还有几十个纳米药物正在进行临床试验，预期将很快进入市场销售。从目前的进展看，再过5~10年可望有更多的纳米生物技术与纳米医药用于临床。例如，2010年3月，美国加州理工学院等机构的研究人员成功研发出一种直径仅为70纳米的微型纳米粒子载体，可以通过患者的血流进入肿瘤，然后释放出药物，可以精确阻碍名为RRM2的癌症基因，使得患者癌细胞中相应的蛋白质减少，从而起到治疗癌症的作用。这项研究证明RNA干扰(RNAi)技术的治疗方法可以在人类身上起作用，提供了初步的证据。该研究结果发表在*Nature*杂志上。美国加州大学圣迭戈分校、圣芭芭拉分校以及麻省理工学院三校的科学家们研发出了纳米级的新式“鸡尾酒疗法”，其可同时对血液中的肿瘤细胞进行定位，并释放抗癌药物，达到消灭肿瘤的目标。他们研发的纳米系统包含两种不同的纳米材料，其中一种材料可定位于小鼠体内的肿瘤并附着其上的金纳米棒组成的“催化剂”，而另一种材料则是中空粒子则载满了抗癌药物阿霉素。该项目的研究的主导者，加州大学圣迭戈分校生物化学系的迈克尔·塞勒教授表示，这是首次将不同作用的纳米粒子组合起来形成纳米协作系统，共同抗击癌症，其可在活体动物的体内不断减少肿瘤的数量。

改善难溶性药物的溶解度，促进药物的吸收，提高药物的生物利用度是药剂学领域亟待攻克的难题，而纳米技术与药剂学相结合有望加速该难题的解决。纳米技术的应用优势日益显现：纳米化使药物的粒度大大减小，表面积大大增加，水溶性差的药物在纳米载体中可形成较高的局部浓度，同时提高其水中分散性，形成稳定的胶体溶液；药物的黏附性增强，在吸收部位的滞留时间延长；纳米载药系统可以提高药物的透膜能力和稳定性，有利于提高药物的生物利用度，特别是对于生物药剂学分类体系(BCS)Ⅱ类(低溶解度、高通透

性)和Ⅳ类(低溶解度、低通透性)的药物，这一技术越来越受到国内外一些研究机构、制药公司的青睐。2010年，以色列特拉维夫大学细胞研究与免疫学部门和纳米科学及纳米技术中心的研究人员Dan Peer博士和其同事生物化学与分子生物学Rimona Margalit教授在药物运输载体研究方面，获得了突破性的进展，他们发明了一种纳米载体，可以直接把化疗药物输送到肿瘤细胞，避免与正常的细胞相互作用，不仅可提高化疗的疗效，而且可以减少化疗药物的毒副作用，提高患者的顺应性和生存质量。Peer博士认为，这种纳米医学载体可以治疗多种肿瘤，包括肺、血液、结肠、乳腺、卵巢、胰腺，甚至几种类型的脑部肿瘤。并且其乐观地估计在两年左右这种药物可以从实验室进入临床试验。

纳米技术重要的难点之一就是不能实实在在地看到研究对象的作用方式。例如病毒小于光波长度，标准的光学显微镜看不见其生物结构，利用其他成像技术也很难捕捉到它。美国加州大学洛杉矶分校（UCLA）成立的一个多学科合作研究小组，利用低温电子显微镜技术（cryoEM），不但能看见病毒，并且可对病毒进行修饰使其能够向病变部位递送药物，在发表的文章中揭示了腺病毒准确的原子分辨的三维结构和其蛋白质网络的相互作用。该发现为世界各地试图修饰腺病毒用于疫苗和癌症基因治疗的研究者提供了关键的结构信息，该成果发表在2010年9月《科学》杂志上（Liu，2010）。

同时，纳米技术的发展也为研究者设计和构建各种可望运用于人体组织器官修复的工程支架材料提供了强有力的支撑，已取得的大量突出研究成果和一些商品化产品的临床运用加速了纳米生物技术在这一领域的深入发展。最近，美国威斯康辛大学麦迪逊分校的科学家们设计出各种尺寸和形状的微管，其大小刚好够单个神经突进入，然后将小鼠神经细胞覆盖在微管周围，并观察这些细胞会如何反应。研究结果显示神经突能在由硅和锗组成的半导体纳米微管中生长，为伤病导致的受损神经细胞的修复提供了可能，如此将有可能帮助那些因为脊椎伤病而失去行走能力的人重新站起来。

通过纳米生物技术，DNA测序技术得到很大突破（第三代测序技术），这一测序技术是基于纳米孔（nanopore）或者纳米通道（nanochannel）的单分子读取技术，不同于之前的两代技术（需要荧光或者化学发光物质的协助下，通过读取DNA聚合酶或DNA连接酶将碱基连接到DNA链上过程中释放出的光学信号而间接确定的），可以直接读取序列信息，简洁、快速。美

国华盛顿大学研究人员设计了一种可以在纳米孔内对DNA进行快速测序的新方法，这种纳米微孔只有1个纳米大小，仅够用来测量一个DNA的单分子链。研究人员把微孔放在 一层浸泡在氯化钾溶液中的膜上，并施加一个小的电压，让电流通过微孔。不同的核苷酸通过纳米微孔时，回路中的电流就会随之改变，这些电流称为特征信号。胞核嘧啶、鸟嘌呤、腺嘌呤和胸腺嘧啶这些DNA的基本组成要素，会生成不同的特征信号,这一研究成果公布在PNAS杂志上。

（二）我国研究进展

“十一五”期间，通过纳米研究国家重大科学研究计划、“863”计划、国家自然科学基金、国家重点实验室计划专项、国家科技基础条件平台建设以及各种人才专项等，我国加强了对纳米科学技术的投入，在研究所及高校成立了多个纳米研究中心，通过搭建研究平台推动我国纳米生物学的发展，已初步形成了以医学、理学、工学多学科专家为核心的纳米生物学科团队。863计划资助了纳米药物、纳米生物材料、纳米生物器件三个重点项目。目前，三大重点项目均已顺利通过科技部的验收，在*Angew Chem*, *ACS Nano*, *Adv Mater*, *Biomaterials*, *Adv Funct Mater*等国内外重要学术期刊发表SCI研究论文300余篇，已出版《纳米生物技术学》等专著，出版纳米科学期刊1本，获得授权中国发明专利100余项，培养了硕士、博士研究生400多名。

在科技部、教育部、卫生部、国家发改委等部门支持下，我国已经形成了以国家纳米科学中心、卫生部纳米生物技术重点实验室、生物治疗国家重点实验室、国家生物医学材料工程技术研究中心、医药生物技术国家重点实验室、生物电子学国家重点实验室、国家纳米药物工程技术研究中心、化学生物传感与计量学国家重点实验室等为代表的纳米生物技术研究中心实验室，在我国的东南西北中部地区均已形成研究中心，对全国范围内的纳米生物技术研究具有带头促进作用。

目前，我国在纳米生物技术研究方面已处于国际先进水平，部分研究成果达到国际领先水平。例如，在纳米药物研究方面，载药纳米脂质体的生物效应研究、载药纳米药物的制备取得的阶段性成果，部分纳米药物制剂已申报国家食品药品监督管理局的批文。在将新技术运用于纳米药物研究方面也有新的突破，华东师范大学和中国科学技术大学研究人员合作发现了一种将核磁共振技术应用于纳米药物剂型设计的新方法。该方法可以在1小时内从

药物混合物中筛选出跟纳米载体结合的药物，同时还能够提供药物在载体中的定位以及相互作用模式等信息，为纳米药物的快速设计及优化提供了有效的技术支持。这项发表于化学领域顶级刊物《美国化学会志》研究成果被杂志审稿人给予了“作者针对快速筛选纳米药物剂型提出了一个空前的、高度创新的新方法”的高度评价。用于临床早期癌症诊断的纳米器件，前期的工作展示了其灵敏度和准确性优于现有的诊断试剂盒，填补了空白。用于组织器官修复的纳米生物材料国内也取得了重大进展，已成功应用于口腔修复、骨修复等领域。

2010年，我国在纳米材料的生物学效应、生物传感器研发、纳米机器人、疾病治疗、组织器官修复等方面取得了一些新的进展。北京大学在以新生血管为靶标的肿瘤靶向纳米给药系统的研究开发方面开展了大量创新性、应用基础研究和研究开发工作，所研究开发的纳米药物具有高效靶向特征和高效、低毒作用，与现有制剂相比，对肿瘤组织的靶向效率te 显著提高，药效学显著改善，毒性显著降低，其中紫杉醇纳米乳制剂目前已完成临床前所有的研究资料，并在2010年获得了SFDA的临床批件（SFDA临床批件：2010L01157）。四川大学的研究人员在纳米脂质体作为药物载体方面进行了大量研究，基于脂质体的多个药物（包括基因药物、小分子难溶药物）已完成GLP安全性评价，目前已与多家国内知名药企进行合作，进入新药的临床批文申报阶段。在采用聚合物纳米胶束提高难溶药物水溶性方面四川大学也取得了显著的成果，已成功研制了紫杉醇及多烯紫杉醇纳米药物，已与国内知名药企达成了合作意向，共同开发纳米药物。纳米制剂新药和关键药用辅料国产化取得重大产业化突破，其中石药集团自主研发的抗肿瘤盐酸多柔比星脂质体新药和关键辅料MPEG-DSPE（培化磷脂酰乙醇胺）2项成果已完成全部临床试验工作，即将获得SFDA颁发生产批件并投入实际生产和临床应用。中国科学院理化技术研究所设计合成了一系列形貌可控的介孔二氧化硅纳米载体作为模型，并集中探讨了细胞对不同形貌的纳米颗粒在内吞上的差异，在细胞内吞的过程中或过程后会引起细胞功能上的变化，如细胞骨架的形成、细胞黏附、细胞迁移和细胞活力等。该研究表明，纳米材料不仅仅是起着载体的作用，它还会主动地通过调控细胞的分子行为导致细胞功能上的变化。该项成果对于全面了解纳米材料的生物安全性和建立纳米安全性防御体系具有重要的指导意义，丰富了纳米生物载体材料的研究。而

上海交通大学医学院研究人员采用鼻腔滴注的方式对二氧化硅纳米粒子在大脑神经的生物分布进行了研究。结果显示二氧化硅纳米粒子在除大脑嗅球外的纹状体产生的聚集可能会产生氧化抑制、炎症变化和纹状体功能性损伤。这项研究对二氧化硅纳米粒子在一定剂量或时间下可能产生的神经毒性和神经变性紊乱有较为明确的揭示，为确定人体使用的合适剂量提供了十分重要的参考。针对磁性纳米粒子在生物医学领域所具有的广阔运用前景，其在生物传感器、磁共振成像、药物传输、磁疗等方面运用的研究成果不断地被发现并报道，以致这些领域已成为全世界研究人员集中关注和研究的热点领域之一。北京大学的研究人员从另一角度对磁性纳米粒子的生物安全效应进行了系统的研究，他们从制备具有不同粒径的聚乙烯吡咯烷酮（PVP）包覆的磁性纳米粒子入手，系统的研究了粒子尺寸大小对其作为核磁共振成像造影剂时的体内肝损伤情况。考察了这种磁性纳米粒子的理化性质对其在体内肝脏的分布，肝损伤和药代动力学等方面的影响。这项成果对优化设计运用于生物医学成像及治疗的纳米粒子的制备参数提供了极有意义的参考，为研究纳米粒子在体内的生物学效应建立了较全面的方法学指导。四川大学的研究人员在纳米脂质体作为药物载体方面进行了大量研究，基于脂质体的多个药物（包括基因药物、小分子难溶药物）已完成GLP安全性评价，目前已与多家国内知名药企进行合作，进入新药的临床批文申报阶。在采用聚合物纳米胶束提高难溶药物水溶性方面四川大学也取得了显著的成果，已成功研制了紫杉醇及多烯紫杉醇纳米药物，已与广东众生药业进行深入合作，正在积极准备申报GLP新药临床前试验及一期临床试验，共同开发纳米药物。上海交通大学研究人员设计制备了新型的安全性好的嵌段共聚物载体，利用此载体能够把紫杉醇等毒副作用强的化疗药物包裹在内部，外部是亲水性的基团，针对肿瘤细胞的缺氧特性，连接上缺氧诱导因子抗体，成功地实现了体内的肿瘤组织靶向影像与治疗。

生物传感器是一类在临床检测、遗传分析、环境检测、生物反恐和国家安全防御等领域具有重要应用的传感器件。中国科学院上海应用物理研究所和美国亚利桑那州立大学合作发展了一种基于DNA纳米技术的三维DNA纳米结构探针，并在此基础上构建了一类新型的生物传感平台，实现了对基因和蛋白质高性能检测。另外，国家纳米科学中心和美国哈佛大学有关研究人员合作首次成功制备了石墨烯与动物心肌细胞的人造突触。该研究第一次实现

了通过门电势的偏置引起同一石墨烯器件n型和p型工作模式的转变，进而在细胞电生理过程中得到了相反极性的石墨烯电导信号，充分证明了测量生物信号的电学本质。研究人员还进一步比较了不同尺寸石墨烯生物传感器、石墨烯与硅纳米线集成传感体系对同一心肌细胞的检测，为发展高集成纳米生物传感阵列提供了理论指导和实验基础。该项工作建立了一维、二维纳米材料与细胞相结合的独特研究体系，将为生物电子学的研究带来新的机遇。上海交通大学研究人员利用磁性纳米粒子的特性与微流控芯片加工技术，设计制备了新型的GMR传感器微流控芯片系统，实现了对血液中的肿瘤细胞的自动捕获、分离、核酸突变快速分型检测。由于GMR传感器芯片与微流控通道是分开的，所以，此系统可以重复使用，为解决临床肿瘤实际诊断问题，提供了新技术支撑。

基因芯片（DNA芯片）是遗传分析领域的重要工具，也是当前生物传感器研究的一个热点。常用的DNA芯片都是将DNA探针分子固定在固态基片上，因此往往会受到固液界面反应效率的限制。最近，中科院上海应用物理研究所物理生物学实验室和上海交通大学Bio-X研究院的研究人员合作，发展了一种基于DNA纳米技术的液态DNA芯片，可以在溶液中的纳米级“中国地图”表面实现DNA杂交反应，并实现可寻址的高灵敏基因检测。研究人员充分利用地图的不对称性和可寻址的特点，实现了无需编码索引而空间可寻址的液相DNA纳米芯片，并通过原子力显微镜技术实现纳米芯片的信号输出。同时，又通过在“中国地图”表面引入链置换反应，增加了DNA杂交过程的特异性，从而实现对单碱基变异性的高特异性分辨，这为基于单碱基多型性的遗传分析提供了一个新的纳米工具。利用纳米技术制作用于人体内疾病早期监测的纳米芯片不仅是纳米生物技术运用范围的拓展和深化，也对病人的早期就诊和医生的临床诊断提供了有重要意义的帮助。最近武汉大学中南医院宣布他们在国内率先研制成功（量子点）纳米芯片，可用于消化道肿瘤的临床早期诊断与远期疗效监测。研究人员在研究中发现运用（量子点）纳米探针可精确靶向肿瘤部位，还能通过荧光强弱反映出其活跃程度，这将有助于肿瘤的早期确诊、选择治疗方式、监测疗效和复发。从而实现对肿瘤标志物的定量检测，这将使对肿瘤病人的治疗效果显著提高。这项研究结果在武汉市科技局组织的鉴定会上被多位国内权威肿瘤专家认为达到“国际领先水平”。

纳米技术的快速发展，使人们合成和改

进临床化疗药物的能力直接延伸到分子和原子水平，并最终达到操纵单个原子，在纳米尺度上制备具有特定活性和功能的纳米化疗药物。中国科学院高能物理研究所多学科中心“纳米生物效应与安全性重点实验室”在2004年首次发现内含Gd原子的金属富勒烯三明治纳米结构颗粒可以直接作为肿瘤的高效低毒化疗药物以来，已经从分子免疫、神经调控、干细胞分化、血管生成等诸多方面对纳米颗粒直接作为高效低毒化疗药物的药效和机制，进行了长达6年多的研究，在国际著名学术刊物上连续发表了一系列的研究成果，逐渐形成较大的国际影响力。2010年该所与国家纳米中心合作研究发现具有高效低毒抑制肿瘤生长的Gd@C82(OH)22纳米颗粒。该纳米颗粒可以促进对顺铂耐药细胞的内吞功能而有效地增加肿瘤细胞内的顺铂药物浓度，容易进入细胞并通过阻断DNA遗传物质的复制进一步抑制耐药肿瘤细胞的繁殖。

在肿瘤治疗中，理想情况是药物能靶向和富集于肿瘤部位并破坏肿瘤细胞，而对正常细胞和具有再生能力的干细胞不造成影响。上海交通大学研究人员制备了PEG化的树形分子修饰的磁性纳米粒子，能够高效递送反义核酸或SiRNA进入肿瘤细胞，下调靶基因与蛋白的表达，实现了对肿瘤的有效治疗，安全性评价表明，PEG化的树形分子修饰的磁性纳米粒子具有很好的安全性。此研究成果为进一步临床应用奠定了基础。国家纳米科学中心相关人员密切合作在不同层次上深入地开展了金纳米棒与生物体相互作用的研究。最新的研究工作发现特定表面修饰的金纳米棒能选择性地有效杀死肿瘤细胞，通过选择性进入肿瘤细胞的线粒体，破坏线粒体的结构和功能，引起肿瘤细胞死亡；而对正常细胞和成体干细胞的结构和功能无明显影响，且成体干细胞可有效排出金纳米棒。他们的研究结果对金纳米棒生物医学领域中的应用具有重要的意义。近年来，研究组发展了研究金纳米棒在生物体内分布的系统集成分析方法；实现通过改变长径比和表面设计调控其进入细胞的能力和降低细胞毒性，表面包被铂纳米晶的金纳米棒具有很强的类酶活性，可应用于酶联免疫分析。此外，还编制了金纳米棒表征的国家标准(GB/T 24369.1-2009)，研制了金纳米棒国家标准样品（GSB 02-2629-2010）。上海交通大学研究人员利用DNA片段与自组装技术，制备了一维、二维与三维的金纳米棒阵列，实现了对核酸的超敏感检测。利用树形分子取代金纳米棒表面的CTAB毒性分子，成功地制备出安全性好的RGD连接的树形分子修饰的金纳米棒，利用吸收近

红外光特性，实现了靶向体内肿瘤血管并破坏肿瘤血管，杀灭肿瘤细胞，延长荷瘤鼠的生存时间；也首次证明制备的金纳米棒具有增强放射治疗的敏感性的功能。这些系列研究成果为金纳米棒的肿瘤早期探测、分子影像与靶向治疗等方面的潜在应用打下了良好基础。此外，北京大学第三医院与哈尔滨工业大学的联合研究小组在肿瘤治疗和诊断联用制剂的研究方面也取得新进展。他们将超声造影成像效果好的高分子微胶囊和用于光热治疗的金纳米壳结合在一起，得到一种金纳米壳包覆的微胶囊。通过这种微胶囊可实现诊断和治疗过程的完美结合，从而减少了中间环节、给药次数和毒副作用，提高了诊断治疗效率，降低了医疗费用，为开发先进的癌症诊断治疗技术提供了新的理念和方法。《自然-材料学》杂志（*Nature Materials*，2011, 10, 264）以“定点清除”（Locate and Kill）为题作为“研究亮点”对此进行了报道评述，指出“这种新型复合微胶囊将癌症的诊断和治疗两个过程融为一体，通过超声造影成像确定肿瘤的部位与大小尺寸后，可立即用近红外激光对肿瘤进行定点加热实施清除，从而避免了对正常组织的损伤，同时提高了疾病诊治的效率，因此具有显著的优越性。”在一些高发病率恶性肿瘤的遗传学发病机制研究方面也有了新的突破和进展。最近，由中山大学肿瘤防治中心与新加坡等国研究人员合作完成的一项研究结果中，研究人员在世界上首次进行了基于大规模人群和全基因组水平的散发性鼻咽癌易感基因筛查研究，发现了3个新的易感基因位点，同时进一步确认了人类白细胞抗原（HLA）基因与鼻咽癌发病风险的相关性。这项研究在阐明鼻咽癌遗传学发病机理的进程中迈进了一大步，并为研制预测鼻咽癌发病风险的基因芯片打下基础；而对鼻咽癌高危人群的准确预测，也将有助于极大提高鼻咽癌的早诊率。

纳米生物材料在组织器官的修复方面具有广阔的前景，四川大学、北京大学、中科院上海硅酸盐研究所、华南理工大学、西南交通大学、华中科技大学等单位在该领域进行了大量且深入的研究，已建立了相关纳米技术平台和纳米生物材料中试生产车间。最近，第三军医大学大坪医院野战外科研究所再生医学课题组研究人员采用水蛭抗血凝原理研发出的第二代骨组织工程仿生支架材料，具有理想的组织相容性、无免疫源性、可降解性以及增强血液灌注和促血管化的作用，解决了植入材料被血凝块包围以及移植物氧及营养物质灌注障碍等瓶颈，为临床大块骨缺损修复提供了技术支持；同时也为在断指再植、皮

瓣移植及肢体循环障碍等领域改善局部组织血液循环，促进微循环血液流动提供了理论依据。骨组织疾病一直是人们生产生活中最容易面临的易发疾病之一，对病变或缺损骨组织的修复和重建是临床医生几乎每天都会遇到的问题，而对用于组织修复的相关生物材料的设计和验证则一直是科研工作者思考和研究的热点。最近，浙江大学研究人员运用仿生学的方法制备了一种新型有机-无机复合弹性晶体材料，其物理和化学性能都逼近天然骨骼。这种晶体材料中无机单元的厚度几乎达到了生物材料中同类晶体的最小尺度，基本实现了在纳米尺度上类骨结构的仿生制备。并且在外力冲击下，该仿生骨能够在保持晶体结构完整性的前提下发生一定程度的弯曲，而当外力消失，又像橡皮一样回复了原状，未见任何损伤。据测算，这种由HAP为主构建新材料的弹性远远高于传统HAP，达到甚至超过了普通生物骨的弹性，研究人员还能通过改变仿生骨的成分调节晶体的形状和尺寸。这项成果为体外设计和制作骨修复纳米材料提供的展现的思路，为实现仿生骨基质材料的优化和发展奠定了良好的基础。另外，面对人体内术后组织器官创面容易发生粘连的实际问题，国内研究人员也开展了大量卓有成效的研究工作，四川大学生物治疗国家重点实验室的研究人员利用材料学，生物学，纳米医学等多学科交叉的优势开发了一种可注射的水凝胶，该材料在预防术后组织器官粘连方面具有优异的效果。

（三）展望

随着化学、物理学、生物学、材料学等领域的不断进步，纳米生物技术的一些新领域也会不断出现并不断提高与完善。随着纳米生物技术的发展，将不仅仅是模仿自然界现有的分子组装，而是实现更深入并有目的地控制分子结构和功能。例如，纳米级的结构可以与活细胞、蛋白质兼容，可以量身定制用来制造纳米药物、纳米器械，以进行疾病的诊断和防治。《纳米生物技术：应用及全球市场》报告指出，未来5年中可能实现商业化的纳米生物技术包括：药物传输、诊断、研发工具、杀微生物剂和DNA测序。纳米生物技术产品市场将以9%的年复合增长率增长，2015年市场规模将达到297亿美元。纳米生物技术的医学应用市场将以8.7%的年复合增长率增长，到2015年的290亿美元。在研发工具市场，DNA测序成为纳米技术的新兴市场机遇。2010年这部分市场6300万美元，2015年将超过3亿美元，年增长率达37%（图2-2）。

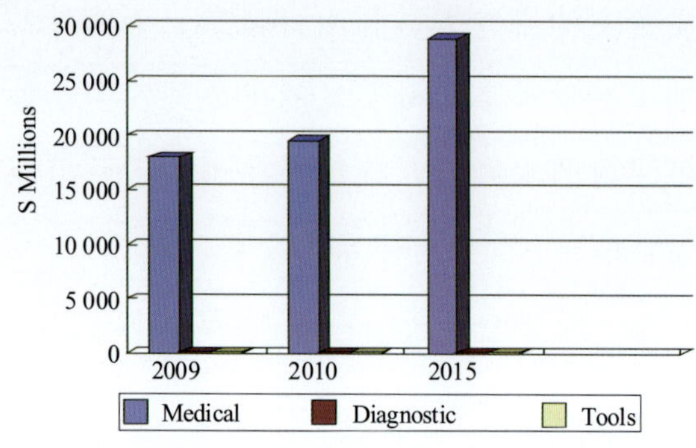

图2-2 BBC公司对纳米生物技术全球市场的预测

未来，纳米生物技术在医学临床的应用将会非常广泛，纳米药物载体应用于恶性肿瘤的靶向性治疗将成为一种新的诊疗方法，纳米基因载体将推进基因治疗的临床应用。纳米探针诊断技术和纳米磁珠细胞分离技术已在临床和生物技术产品开发中广泛应用，纳米生物材料作为人体内植入物和应用于组织工程将解决传统材料在临床应用的许多弊端，纳米技术改造传统药物和中药加工工艺也将在很大程度上提高中医药的治疗效果。未来疾病诊断技术与治疗技术相结合是发展方向，纳米生物技术的发展将有利于尽快实现诊断与治疗技术的融合。同时采用纳米生物技术还可将化疗技术、基因治疗、放射治疗、细胞治疗等技术相结合，从而提高肿瘤治疗效果，而如何实现这些技术的融合则是未来的发展方向。

我国在纳米技术领域基础研究居于世界前列，但基础研究成果的应用转化还显得不足，关键问题是我国SFDA对特殊纳米制剂新药审批的政策法规建设不完善，缺乏对相关研究的规范性指导意见和评价标准，造成基础研究与应用脱节，迟滞了新药研发成果的转化应用。当前，解决研究规范性和法规政策问题非常重要，迫切需要国家SFDA组织相关专家和机构加强研究讨论，尽早制定和逐步完善与纳米制剂新药研发审批的相关法规政策，规范和明确研究内容和评价审批标准，建立并提供规范和科学的法规政策保障，同时国家应大力投入和加强纳米生物技术领域的产学研结合发展，促进先进技术成果的应用转化。

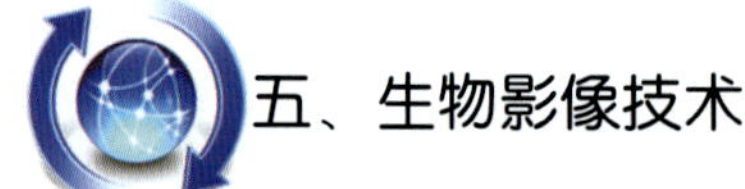

五、生物影像技术

21世纪以来，在生命科学和现代医学领域中，现代影像技术是非常重要的研究手段和基础技术设施，X射线（X-ray）、相衬显微镜、电子计算机X射线断层扫描技术（CT）、核磁共振波谱（NMR）、磁共振成像（MRI）、绿色荧光蛋白（GFP）标记、电荷耦合元件（CCD）成像单元等影像技术都在生物医学领域得到重要的应用；它使人们有可能“无创伤”和“原位”地观察生物分子、细胞、组织、器官的结构乃至功能。随着基础研究领域数字

成像技术的发展，光学显微方法、脑成像和生物医学成像在过去几十年得到了快速发展，创新的成像手段已经成为所有生命科学家在分子和生理水平上理解生物体系的重要工具，并成为学术与工业界的研究热点。

在基础研究领域，生物医学成像技术以其高分辨、快速和直观可视化的特点可以实现定量、在体、多层次地监测生命现象及其内在机制。例如，从脑电图（EEG）和磁共振成像等适应普遍、无创的神经活动记录技术，到功能磁共振成像（fMRI）、事件相关电位（ERP）、正电子放射断层扫描（PET）、单光子发射计算机断层扫描（SPECT）等认知神经科学技术手段的发展，为研究大脑的结构和功能，以及人类的认知过程提供了强大的技术支撑，可对认知过程的脑功能形成直观图像。这是当前也将是未来相当一段时间内神经、认知科学研究的主要手段之一。

在临床应用中，许多成像技术，已成为众多疾病的常规检验金标准，同时在无创/微创手术导航、治疗疗效评价等方面发挥独特优势。在新药创制领域，采用成像技术可以实现高通量、高内涵的先导药物筛选，并可在后期给予全方位的药效评价。总之，生物影像技术的发展和广泛应用，在结构生物学、神经科学、心理学和认知科学以及医学临床和药物研发等领域中已成为不可或缺的手段，必将引起认知、记忆等高级神经功能机理研究和生物医学的革命性发展。

（一）国际研究进展

生物影像技术，不论从实用性还是从市场前景看，都是生命科学发展的关键领域，已成为几乎所有发达国家都重视的生命科学大方向。欧美发达国家开展影像学技术研究的具体形式一般采用支持建立规模宏大的、多学科交叉的、有明确目标导向的影像学研究中心。这类中心的建设思路一般是：购置中低端影像学设备、形成系列和配套面向临床应用，自主研发高端影像学仪器/设备，建设科研水平高、覆盖范围广、辐射力强的在地区中乃至国际上具有影响力的研究平台。例如，美国政府于2000年正式批准在国立卫生研究院（NIH）的框架下建立国家生物医学影像及生物医学工程研究所（NIBIB），在NIBIB的支持与协调下，美国在NIH及斯坦福大学、哈佛大学、耶鲁大学、加州大学等著名科研机构建立了若干磁共振与PET脑成像研究中心。这些中心现拥有磁场强度7.0T的用于人体研究的大型MRI仪10余台，用于小动物影像学研究的大型设备近百台。

2003年启动的NIH路线图也非常重视

生物影像技术的研发，专门设立了分子库和成像路线图。国立癌症研究所（NCI）于2003年推出肿瘤成像计划（Cancer Imaging Program, CIP），其主旨是促进各领域科学家的协作从而推行细胞和分子成像等方向的多学科交叉研究，主要研究方向包括诊断成像技术、分子成像技术、图像导航与介入技术以及新成像技术开发四大块。该计划的重要举措包括建立在体细胞和分子成像研究中心（ICMICs），成立促进多模式光学成像技术转化的协作研究网络，推出小动物成像资源计划（small animal imaging resource program，SAIRP）专项支持13个著名的研究机构建立集成多种小动物成像技术的共享研究平台。

美国贝勒医学院（Baylor College of Medicine）国家大分子成像中心是美国国家研究资源中心（National Center of Research Resources，NCRR）指定的结构生物学生物医学工程技术研究中心，其任务是利用低温电子显微镜、计算机重建和建模等技术，开发分子机器三维结构的原子分辨率技术。这些技术已应用到癌症、传染病、神经退行性疾病、心血管疾病以及遗传疾病相关的样品检测中。2010年2月，该中心获得来自NCRR 5年总计950万美元的资助。这也意味着国家大分子成像中心已经连续24年在低温电子显微镜研究技术领域获得资助。

在欧洲，生物医学影像学基础设施建设同样受到各国政府和各著名研究机构的高度重视。欧洲研究设施路线图中明确提出了建立“欧洲生物医学影像基础设施”（Euro-BioImaging, European Biomedical Imaging Infrastructure）的联合平台计划。Euro-BioImaging通过协调统一的成像设施满足基础研究和医疗应用两种不同层面的成像需求，改善欧洲在这个方面不成体系的局面。它的总体目标是向欧洲的多学科生物成像项目提供研究基础设施，这些成像项目涉及生物学家、化学家、物理学家、计算科学家、成像技术工程师和医生，成为汇集世界领先生物成像技术的互补性研究中心。Euro-BioImaging平台主要关注从光学显微镜到医学成像的各种成像手段，计划在2009—2010准备期投入1000万欧元，2010—2014年的建设期将投入3.7亿欧元，2012以后的运行期间每年将投入1.6亿欧元。Euro-BioImaging平台建成后，一方面将发展生物医学成像领域中新的成像技术，推进基础研究、诊断、治疗和药物设计；另一方面将开放先进的仪器设备并提供使用培训、面向临床转化应用。

2010年12月，*Nature Methods*盘点了年度技术，选出了2010年最受关注的技术成果，光遗传学（optogenetic）工具，

新型生物影像技术（adaptive optics for biological imaging）、三维超高分辨率显微技术等被评为最值得关注的几项技术。

目前，生物影像领域已经采用各种显微技术和共聚焦等技术，这提高了图像的精确度，但在一些活体成像、组织深部观察等方面还需要更多的技术进步。近期双光子显微镜的出现让大脑成像系统有了进一步的发展，双光子显微镜可探测至大脑内部1毫米的深度，这超过普通光学显微镜的十倍。而利用荧光传感器探测神经元活动则使数据更加稳定可靠。这些新技术与制备工艺的完美结合为人类研究大鼠和小鼠的大脑提供了物理的和光学的方法，从而使活体动物完整大脑组织的神经信号传递的可视性得以实现。

另外，在肿瘤组织成像方面，来自美国的科学家们利用一种称为非线性干涉成像技术（NIVI）的新型显微检测技术对大鼠乳腺癌细胞和组织进行扫描，在不到五分钟的时间内生成了易读的彩色编码组织图像，图像中肿瘤边界清晰，准确率高达99%。新型非线性干涉成像技术并非将焦点放在细胞和组织的结构上，而是基于分子组成构建和分析图像。正常细胞包含高浓度的脂质，但癌细胞通常会生成更多的蛋白质。通过鉴别包含异常高浓度蛋白的细胞，研究人员能够准确地区分肿瘤及健康组织，而无需再对细胞进行染色。

活细胞追踪技术是一项重要的实验技术，利用这种方法，可以了解活细胞中各种分子作用和相互作用的机理，因此许多科学家在这方面进行了多项尝试。2010年，科学家在这方面取得了重要进展。美国范德比特大学研究人员利用链接化学的方法，形成新的通用化的平台，供任何细胞过程的研究合作，如蛋白质功能和修饰的研究。这种新技术结合了大气压红外线（APIR）MALDI技术和激光烧蚀电喷雾电离（LAESI）技术，从而实现了3D代谢物成像（Milne, 2009）。这项技术的分辨率是直径10mm，高度30mm，这与生物天然的立体像素相吻合，这样科学家们就可以获得天然构象。

传统光学显微镜受限于光的波长，对于200nm以下的结构无能为力。虽然电子显微镜可以达到纳米级的分辨率，但通电的结果容易造成样品的破坏，因此能观测的样本也相当有限。分子生物学家虽然可以做到把若干想观察的蛋白质贴上荧光卷标，但这些蛋白质还是经常挤在一块，在显微镜下难以分辨。2010年，美国国立卫生研究院、霍华德·休斯医学研究所、佛罗里达州立大学等机构的研究人员利用一种称为干涉测量光激活定位显微技术（interferometric photoactivated

localization microscopy，iPALM），发现了细胞粘着斑(focal adhesion)蛋白的显微结构，从而为理解这一重要的蛋白结构，以及分析蛋白功能提供了新的信息。这项研究由物理学家与生物学家共同完成，是高分辨率显微镜技术发展的又一成果（Kanchanawong，2010）。除了利用这种显微技术，来自约翰霍普金斯医学院的研究人员还利用一种双聚物探针，分别吸引两种蛋白，从而能了解一个蛋白为什么在一个位点是用于细胞分裂和生长，而在另外一个位点却是意味着细胞死亡，利用这种新型技术，研究人员能在细胞的各处快速操纵蛋白质活性。

（二）我国研究进展

生命科学领域广泛应用的成像技术包括光学成像、核磁成像、X射线成像等，这些成像技术覆盖了从基础研究到临床诊断，从单个分子水平到组织器官水平，其发展趋势是不断提高时空分辨率。利用同步辐射X光显微成像和断层扫描成像技术，能直接获取活细胞的生物学图像。在认知科学方面，脑成像技术将极大地加深对人脑高级功能神经网络可塑性本质的理解。目前，我国已建立了中国科学院脑与认知国家重点实验室、北京大学脑科学与认知科学中心、北京师范大学神经科学与学习国家重点实验室等研究机构，配备了较为先进的高场（3T）磁共振成像仪及相配套的脑点记录分析系统，光学成像系统、透颅磁刺激系统（TMS）和数据处理与存储网络等。这些平台的进一步加强，将是我国认知科学研究取得突破性进展的重要前提。

依托于华中科技大学的生物医学光子学教育部重点实验室成立于2000年8月，实验室得到了“211工程”的大力支持，拥有一批具有国际先进水平的仪器设备，其中包括：多光子激发激光扫描显微成像系统、弱光CCD成像系统、近红外脑功能光学成像器、EPC-9光电联合检测系统、脑皮层内源信号光学成像系统、激光散斑成像系统等，建立有教育部生物医学光子学网上合作研究中心和分子生物学与细胞生物学实验室，为科学研究提供了良好的基础条件。

科技部、卫生部、国家自然科学基金委对生物影像的研究给予了高度的重视，“十一五”期间，科技部863 计划、973 计划、国家自然科学基金等都对生物影像的研发进行资助。例如，2006年的863计划“生物医学关键仪器”重点项目，资助了“小动物活体光学分子成像装置”、“动物MRI及PET/SPECT/CT成像设备”、“核素与荧光双模小动物成像系统”、“网膜细胞显微镜结构及控制系统研究”、“部分K空间数据成像技术”等。

973计划“分子影像关键科学技术问题的研究”项目在2006-2010年的4年期间，取得了系列突破性的成果。例如在成像系统研制方面，已构建了激发荧光成像系统、自发荧光成像系统、弥散光学成像系统、Micro-CT成像系统以及Micro-SPECT成像系统，并成功地对自发荧光成像系统和Micro-CT成像系统进行了技术转移；在生物应用方面，与国内外10多家医院、科研机构合作，开展了一系列面向肿瘤和药效评价的生物实验，验证了系统的有效性和可靠性。项目在成像系统方面的成果获得了2010年度国家技术发明二等奖，在生物应用方面的成果获得了2008年度国家自然科学二等奖。另外，由华中科技大学骆清铭主持的“生物功能的飞秒激光光学成像机理研究”项目，荣获2010年国家自然科学二等奖。

2010年度的973计划中，“现代医学成像与高维图像分析关键科学问题研究”、“心脑血管易损斑块的高分辨成像识别与风险评估预警体系重大问题的基础研究”等生物影像研究项目成功立项。这些项目对我国自主研发新兴高技术医学影像设备与系统软件，以及重大疾病的早期预警和诊疗技术，具有重要意义。

神经解剖学是了解大脑功能和失序症的重要研究工具之一，但是目前现存的成像工具只能在中尺度水平上对大脑神经环路成像。而光学成像方法具备高时间、空间分辨率和多参数的信息获取能力，在神经科学研究中发挥着重要的作用，受到广泛关注。华中科技大学Britton Chance生物医学光子学研究中心、武汉光电国家实验室的研究人员利用微光学分层成像法（Micro-Optical Sectioning Tomography）完成了小鼠大脑的高通量图像。研究人员从光学成像方法中发展微光学分层成像法工具，这种方法可以完成厘米大小的整个小鼠大脑的微米分层成像，为了解大脑神经功能提供了一种重要的新方法（Li，2010）。利用这种方法，研究人员获得了高尔基体染色的整个小鼠大脑中的三维结构数据，从中可以很清楚的分辨出神经突起的轨迹，以及神经元的形状和空间位置。

以核磁共振为手段的多项研究表明，胆碱（choline）及其衍生物（phosphocholine, PCho; Glycerophosphocholine, GPCho）可以作为癌症诊断的生物标记物，并且已经在乳腺癌及前列腺癌的研究中取得了重要进展。然而在临床诊断中，胆碱及其衍生物含量的测定却非常困难，其原因是在核磁共振^{1}H谱中，这些物质的谱峰存在严重重叠，难以互相区分，甚至难以将它们与其它代谢物区分开。在国家基金重点项目支持下，中国科学院武汉物理与数学研

究所生物分子核磁共振研究组与美国Case Western Reserve大学合作，发展了一种核磁共振二维谱的新方法，在溶液中实现了对胆碱及其多种衍生物的快速区分与测定。该方法利用了胆碱分子中的高丰度^{14}N核，该核处于高度对称的环境中，因而可以避免由于四极矩效应造成的^{14}N核快速弛豫，这使得检测的灵敏度和分辨率都得到显著的升高。目前，他们将该方法的应用扩展到生物组织的胆碱化合物的检测，成功得到大鼠肝脏中含胆碱化合物的二维核磁共振谱图，在谱图中可以清晰地区分Cho，PCho，GPCho这三类化合物的谱峰。通过与标准样品中谱峰积分的比较，进一步得到了这三类化合物的含量。结果表明此方法在正常及病变生物组织中胆碱及其衍生物的定量分析，具有重要的应用前景。

（三）展望

人类健康有赖于分子医学的发展，而分子医学又与新的生物医学成像技术、遍历巨大化学空间的新探针和成像代理、多参数分析与定量化的数学与计算新方法、纳米传感器和芯片、基因组序列技术等息息相关。目前最基本的困难是还无法看到细胞间分子运动及事件过程、瞬时聚合、时空关系等。虽然在过去几十年中，生物医学成像技术实现了爆炸性的增长，在多个重要领域中得到了广泛的应用，但新的分子影像技术有望大大突破传统成像的局限，对重大疾病诊断、个体化治疗、药物开发和疾病机理的理解都产生重要的作用。

分子影像是当今医学影像发展的方向，是生命科学研究的重要手段。分子影像的发展将使人类对疾病的诊断由传统的解剖影像进入分子功能影像时代。在当今分子影像中，核医学分子影像、磁共振分子影像和光学分子影像是最具发展前景的分子影像技术。然而，在整个分子影像领域，目前多数具有发展前景的技术还处于初级阶段，真正能用于临床的分子影像诊断技术还很少，用于生物靶向治疗的技术更少。分子成像学是指在组织水平、细胞及亚细胞水平对特定分子信息的成像，即用影像学方法反映分子水平的变化，对活体特征成像。优势表现在可以快速、高分辨、无损伤地获取机体特定分子分布的三维图像以及动态变化信息。与已有的医学影像技术相比，可以揭示病变的早期分子生物学特征，从而为疾病的早期诊断和治疗提供可能性，也为临床诊疗提供新的概念。因此，分子影像是当今医学影像最重要的发展方向之一，是生命科学研究的重要手段。分子影像的发展将使人类对疾病的诊断由传统的解剖影像进入分子功能影像时代。

不同的影像学手段在成像原理、性能指标（空间与时间分辨率等）以及所获取信息的种类方面各有特点、也各有优缺点。单一的影像学方法不能满足日益复杂、日趋深入的各种研究的需要。近年来生物影像技术研究的一个趋势就是整合不同种类的影像学手段与方法，建立多模式影像学研究平台。另外，面向临床的成像设备也趋于小型化、便携化、全自动化，同时兼顾低功耗、低成本，以提高其在临床应用中的易用性、交互性、人性化和普及率。

也正因为各种成像技术各有利弊，存在各种难点，因此，常常需要进行跨学科、多角度的交叉与合作，这里面既需要生命科学从分子水平提出亟待解决的问题，也需要物理、化学、生物数字、信息学等学科发展适应分子影像学研究的理论与技术，并应用于该领域。例如，在分子探针的设计、制备以及表征分析中，就需要生物工程、生物化学等相关专家的密切配合。同时，还需结合当代前沿的纳米科学技术等。

目前，我国已在上海建成同步辐射装置的高亮度、能量可选的同步辐射光，其有效的利用将大大提高对生命体内结构与形态的观察精度。未来，我国应当发展各类超高分辨率的显微技术，与同步辐射装置相结合，发展更高分辨率的、基于同步辐射光源的显微影像技术平台。

六、生物信息技术

生物信息学是信息技术在生物数据处理上的应用，涉及分子生物学技术、计算机信息技术、数据库技术等多门学科，是生物学、数学、物理学、计算机科学等众多学科交叉的新兴学科。它主要利用计算机信息处理工具和软件对分子生物学实验数据进行加工和分析，从中发现有价值的信息，其数据信息主要来自于人类及各种模式生物基因组的分子数据，包括DNA、RNA和蛋白质片断的序列数据，也有蛋白质的结构数据和经过计算机处理的分子数据。生物信息学是当今生命科学和自然科学的重大前沿领域之一，同时也是21世纪自然科学的核心领域之一，其研究重点主要体现在基因组学（genomics）和蛋白质组学（proteomics）等方面。

生物信息技术的研究范围包括：①对序列数据进行存储、管理、注释、加工；②对各种数据库进行查询、搜索、比较、分析；③构建各种类型的专用数据库信息系统；④研究开发面向生物学家的新一代计算机软件；⑤利用数理统计、模式识别、动态规划、密码解读、词法分析、神经网

络、遗传算法以及隐马氏模型等各种方法来研究生物遗传上的问题、并且不断发现新的、更有效的算法；⑥对序列、结构数据进行定性和定量分析，从中获取基因编码、基因调控、序列—结构—功能关系等理性知识；⑦阐明细胞、器官和个体的发生、发育、病变、衰亡的基本规律和时空联系；⑧探索生命起源、生物进化、生命本质等重大理论问题，最终建立“生物学周期表”。

（一）国际研究进展

2010年，生物信息技术取得的重大进展，主要体现在分子动力学模拟、分子模型化技术、人工神经网络技术和模式识别技术等方面。2010年12月，*Science*杂志评出的“十大科学突破”中，分子动力学模拟位列其中。此外，随着基因组学和蛋白质组学等高效率、高通量分析技术平台的快速发展，先进的生物信息技术已经成为后基因组学研究的必备工具之一。面对指数增长的生物数据，生物信息学主要致力于如何运用信息技术和复杂系统理论去分析所得到的巨量数据，并不断探索数据优化存储、数据再挖掘、数据可视化的技术从相关数据库及文献信息库中的综合知识开展各类分析。

分子动力学模拟是一种重要的统计物理方法，用此方法可以研究蛋白质的构象，对蛋白质进行动力学研究。这也是利用计算机进行模拟实验的基础。2010年，分子动力学模拟取得重大进展，例如Jeff Hasty及其同事通过设计自然的“群体感应”（quorum sensing）基因培养出一批同步的大肠杆菌细胞。他们利用微流体和延时荧光显微镜技术试图总结有关控制同步振荡或波传播的因子的普遍规律，这项工作将有助于关于更复杂自然振荡的研究工作（Tal Danino,2010）。德国和法国研究人员组成的研究小组利用电脑和系统生物学方法进行研究，引入各种参数并建立数学模型，成功模拟了化学中毒实验鼠肝脏的再生过程，并在后来的实体实验中证实了电脑预测结果的准确性，这一方法将有助于改善肝硬化等肝脏疾病的治疗。

分子模型化是利用计算机分析分子结构的一种技术，包括显示分子的三维结构，显示分子的理化或电子学特性，将分子小片段组装成更大的分子片段或完整的分子结构。利用分子模型化软件，用户可以通过交互操作平移、旋转和缩放分子的三维结构，从不同的角度观察分子构象和形状。2010年，分子模型化技术也取得重大进展，例如伦敦帝国理工学院地球科学与工程学院马克·苏顿（Mark Sutton）教授团队根据一种名为“Drakozoon”的原

始海洋生物保存下来的化石构建这种生物的计算机3D模型。这一模型将帮助科学家们理解早期地球上的原始生命的形态，以及它们是如何演化成为今天地球上生机勃勃的各种生命形式的。马耳他大学的科学家Joseph Grima提出了一个有关细胞增大剂特性的通用数学模型。模型揭示了当材料被拉伸时，长方形结构——被称为刚性旋转子结构——会相对另一个长方形发生旋转，从而减少了材料的密度，但同时却增加了材料的厚度，这一模型能够预测任何材料的细胞增大剂特性。德国马普研究院生物地理化学研究所Martin Jung及其同事利用一种由数据驱动的机器学习方法和一套基于过程的模型研究气候变化。他们发现，1982~1997年间，蒸发蒸腾随全球变暖稳步增加，但从1998年开始，这种增加趋势平缓了下来，很可能是南半球（尤其是非洲和澳大利亚）土壤水分供应的局限性所造成的一个结果。至于这是一种自然气候变化的构成部分、还是陆地蒸发蒸腾从长远来讲将会更多受到供应限制的一个气候变化信号，仍然有待观察（Jung M, 2010）。

另外，模式识别是在输入样本中寻找特征并识别对象的一种技术，主要有两种方法，一种是根据统计特征进行识别，另一种是根据对象的结构特征进行识别，而后者常用的方法为句法识别。在基因识别中，对于DNA序列上的功能位点和特征信号的识别都需要用到模式识别。2010年，德国杜伊斯堡–埃森大学的研究人员开发出一种能快速、准确判断Ⅰ型艾滋病病毒（HIV-1）感染情况的电脑程序，这一成果将有助于提高治疗艾滋病的水平（Dybowski JN, 2010）。

人工神经网络是对大脑神经网络的模拟，不仅计算速度快，重要的是它更具有智能。神经网络计算在优化和模式识别方面具有非常强的能力。在生物信息学研究中，无论是基因识别还是蛋白质结构预测，神经网络都取得了比其他方法更为准确的结果。美国弗吉尼亚州阿士伯恩霍华德·休斯医学研究所珍妮莉娅法姆研究学院的彭汉川和其同事发明了一种新的研究方法。他们使用一种特殊的激光对果蝇的大脑进行照射，在这种激光的照射下神经元会发光，研究人员对其拍照后进行照片合成。在将数千张这种来自不同果蝇大脑的数码照片进行合成后，研究人员绘制出了一张地图，这张地图清晰地展现了这些大脑中的神经元是如何联系在一起的（Peng , 2010）。

随着第二代测序技术的迅猛发展，科学界也开始越来越多地应用第二代测序技术解决各类生物学问题，然而，测序之后

的数据分析才是真正的挑战，这些挑战包括比对测序仪读取的序列片段（reads）与参考转录组或基因组、转录组重建、鉴定表达基因和亚型、预计基因和亚型的丰度以及分析样品间差异表达分析的计算方法探索和建立。在DNA和RNA的高通量测序中，非常重要的一项分析是将测序仪读取的序列片段与参考序列进行比对，以推断该片段源自的基因组位置，常用片段比对软件BWA，Bowtie，ELAND等在速度上非常具有优势，但精确度不如Novoalign等软件。然而Novoalign对于大基因组的分析费时长、效率低。此外，现有的比对软件都无法有效处理序列中可能存在的可变剪切、以及短序列插入和缺失的情况。来自英国威尔康基金会人类遗传中心的科学家Gerton Lunter和Martin Goodson为了解决以上问题，开发了基于混合比对算方法和统计模型的片段比对新软件Stampy，同时有效提高了测序仪读取的序列片段与参考转录组或基因组匹配的速度和精确度[1]。通过结合新的测序技术和高通量数据分析方法，各国科学家在基因组水平上对许多尚未有参考序列的物种开展了重头测序（de novo sequencing）的分析和研究，获得许多物种的参考序列，为比较基因组的研究、分子育种、经济作物开发等都奠定基础。比如日本千叶县上总DNA研究所、国立遗传学研究所和大阪大学组成的研究小组日前在DNA Research杂志发表了他们破译有“生物柴油树”之称的麻风树的基因组的文章。美国、法国、英国、德国、丹麦等国的研究人员通过合作，于2010年底在《科学》杂志上报告其研究团队破译了大麦的主要致病真菌——禾本科布氏白粉菌的基因组的研究，这项成果将有助于人们了解真菌的特性，从而研究出防治植物病虫害的新方法[3]。此外，大麦、大豆、土豆、二穗短柄草、青蒿、草莓、可可树、海绵、黑松露、褐藻、猩猩、蚜虫、金小蜂、水螅、珍珠鸟、非洲爪蟾、蚊子、麻风分枝杆菌的基因组在各国科学家的努力下均获得破译，使得我们对于主要经济动植物、药用植物、模式生物和致病菌有了更深入和全面的认识；另一方面，通过采用全基因组重测序（resequencing）和大规模全基因组关联研究（GWAS）的方法，我们实现了在全基因组水平上扫描并检测与疾病发生发展密切相关的突变位点，建立了疾病早期诊断、治疗和预后的个体差异的分子基础。全基因组关联分析是一种对全基因组范围内的常见遗传多态性（主要是单核苷酸多态性，single nucleotide polymorphisms, SNPs）进行总体关联分析的方法，适用于包括肿瘤、精神疾病在内的复杂疾病的研究。2010年，仅*Nature*

*Genetics*杂志就报道了基于基因组重测序和GWAS技术的多项重要研究。如日本理化研究所和东京大学等机构组成的研究小组，对日本4584名前列腺癌患者和8801名健康人进行了全基因组对照分析。他们发现，在此前科研人员发现的与欧美人患前列腺癌相关的31个单核苷酸多态性中，有19个与日本人患该病有关，另外12个则没有在日本患者身上发现。此外，研究人员还新发现了与日本人患前列腺癌有强烈关联的5个单核苷酸多态性。英国帝国理工学院等机构研究人员通过收集英国、荷兰、奥地利和西班牙等国约1500名脑膜炎患者和5000多名健康人群的基因数据，发现易患脑膜炎人群与健康人在H因子的蛋白编码基因上存在显著差异，这项研究非常有力地推动了针对B型脑膜炎球菌疫苗的研发[5]；转录组水平的全转录组测序（whole transcriptome resequencing）和小分子RNA测序（small RNA sequencing）等技术的发展也为分析基因组中的可变剪接、编码序列单核苷酸多态性（cSNP）和发现新的microRNA分子等研究提供了重要的基础。比如法国和德国的科学家RNA-seq的方法确定了幽门螺旋杆菌在各种不同生长条件下具有不同的“主转录组”，这一差异主要是由幽门螺旋杆菌基因组中未经处理的信使RNA和小型非编码RNA造成[6]。

近两年来，蛋白质组研究技术已被应用到各种生命科学领域，如细胞生物学、神经生物学等。在研究对象上，覆盖了原核微生物、真核微生物、植物和动物等范围，涉及各种重要的生物学现象，如信号转导、细胞分化、蛋白质折叠等。在未来的发展中，蛋白质组学的研究领域将更加广泛。在应用研究方面，蛋白质组学将成为寻找疾病分子标记和药物靶标最有效的方法之一。在对癌症、早老性痴呆等人类重大疾病的临床诊断和治疗方面蛋白质组技术也有十分诱人的前景。目前，国际上许多大型药物公司正投入大量的人力和物力进行蛋白质组学方面的应用性研究。在技术发展方面，蛋白质组学与其他学科的交叉日益显著和重要，通过与其他大规模科学如基因组学，生物信息学等领域的交叉，构成组学（omics）生物技术研究方法，呈现出的系统生物学（system biology）的研究模式，在疾病和药物作用机制方面产生了一大批重要的研究方法。比如，加州大学Bournel领导的研究小组通过构建化学小分子-蛋白相互作用网络的方法深入研究了心血管治疗药物胆固醇酯转移蛋白(CETP)抑制剂的“脱靶”蛋白及其复杂生物网络，以及CETP抑制剂的药物代谢网络[7]，同时指出药物的副作用可通过平衡“脱靶”蛋白的相互作用而降至最低。

（二）我国研究进展

2010年，国内生物信息技术研发领域也取得了一些重要进展，主要体现在分子动力学模拟、分子模型化技术、数学统计方法等方面。

分子动力学模拟方面：中国科学院研究生院化学与化工学院研究人员通过计算机辅助设计完成的重要研究成果。他们应用分子动力学模拟方法，从理论上分析了涉及G3BP的蛋白质相互作用，并依据获取的Ras-GAP蛋白与G3BP蛋白质识别的重要信息设计合成了两条全新序列的抗肿瘤多肽分子。该研究工作对进一步研发全新机理的特异靶向性抗肿瘤新药提供了理论和实验依据，具有重要的学术意义和应用价值（Cui, 2010）。

分子模型化技术方面：中国科学院生物物理研究所蒋太交课题组提出了一个新的宿主-病毒相互作用模型，首次建立了病毒导致的超额死亡和其抗原变异程度之间的定量关系，并进一步发展了直接从病毒序列出发快速准确估算流感潜在危害性的计算方法（Wu, 2010）。中国科学院动物研究所朱朝东课题组针对广义时间可逆模型（GTR）中24个基本的模式，共计模拟了33,600个数据。就分层似然比检验（hLRT）、赤池信息标准（AIC）、贝斯信息标准（BIC）和决定理论（DT）4种现有的主要标准，分别对这些数据进行模型选择，并继而分析了不同标准的准确性、精确性、差异度和选择偏向性。研究表明，在做模型选择分析时，BIC和DT应该作为首选的统计标准。结合模型适度检验，依据BIC和DT的选择模型理应能促进分子系统及相关研究的可信性(Luo，2010)。

数学统计方法方面：中国科学院昆明动物研究所黄京飞课题组开发出了一个新的预测蛋白质功能位点的算法（CMASA）。这个算法相对于其他已知的算法具有更高的精确性和敏感性，而且具有计算速度快的特点（Li GH, 2010）。中国科学院上海药物所蒋华良课题组与华东理工大学药学院李洪林课题组合作发展了一系列新的计算生物学方法和数据库，用于靶标发现研究。作为TarFisDock的重要补充，PharmMapper在计算速度方面较反向对接方法有了明显的提高。基于该方法的靶标预测结果可以在数分钟至数十分钟内完成，为药物新靶标发现提供信息技术支撑，有力地促进药物靶标发现研究（Liu XF, 2010）。

全基因组关联分析方面：近年来，我国科学家在基因组和蛋白质组研究领域中都取得了非常重要的突破。在基于基因组的GWAS研究方面，由安徽医科大学张学

军教授领衔的研究团队历时5年，运用全基因组关联分析研究（GWAS）成功发现了白癜风易感基因，首次在国际上明确白癜风是自身免疫性疾病，研究发现6个新的银屑病易感基因，为最终征服白癜风这种复杂疾病奠定了第一步基础，其文章发表于2012年7月的*Nature Genetics*[8]。中国科学院心理研究所王晶课题组致力于使用GWAS数据关联多个基因的通路和性状的能力，开发基于通路的GWAS分析方法（i-GSEA）和相应的在线预测工具（i-GSEA4GWAS），并通过使用i-GSEA4GWAS对一种精神疾病——双向情感障碍（bipolar disorder）的GWAS数据进行了研究，并发现了新的可能的疾病相关通路/基因集。这篇发表于*Nucleic Acids Research*的文章弥补了传统GWAS数据分析方法对SNP/基因独立的进行分析，而忽略了复杂疾病的多基因联合效应的缺陷。目前，该平台被广泛用于鉴别与疾病表型相关的通路/基因集，以进一步研究和揭示疾病致病机制。此外，我国科学家在非编码RNA的发现方面也取得了突破性的进展[9]。中国科学院动物研究所康乐研究组的张屹等在*Bioinformatics*杂志发表的题为*A k-mer scheme to predict piRNA and characterize locust piRNA* 的最新研究论文，解决了高精度预测生物体中数量最大的一类非编码RNA---piRNA的难题，提出了一种基于k-mer串频率的Fisher判别式来预测piRNA的算法，精度达90%以上，超过了哈佛大学B. Doron的61%的精度，并开发了在线预测软件piRNApredictor。利用该方法，他们成功地鉴定出飞蝗8万多条piRNA，预测飞蝗可能存在约13万条piRNA。进一步分析发现，这些piRNA在飞蝗群居型和散居型间存在巨大差异，这可能为解释飞蝗两型生殖力差异提供了重要的线索[10]。四川农业大学动物遗传育种研究所李学伟教授和李明洲博士领导的课题组与美国休斯敦大学，LC Sciences等机构的科研人员合作，研究收集了从胚胎到成年共计10个发育阶段的样品，覆盖了猪发育的全部代表性时期，采用Solexa深度测序技术分别对10份样品进行miRNA序列的深度测定，总共获取了超过93.6M的序列读数，首次全面系统地阐述了猪从出生前到出生后整个发育阶段的microRNA组（MicroRNAome）图谱，并对测序得到的猪microRNAome进行了详尽的生物信息学分析，提供了有关miRNA的末端序列变异，miRNA前体结构，染色体定位，特定发育阶段的miRNA表达，以及miRNA保守性等详细信息。这是迄今对猪microRNAome图谱进行的最全面最详实的探索（包括miRNA和其异构体

（isomiR）），归纳整理了大量猪miRNA的特征，研究成果发表于国际知名学术期刊*PLoS ONE*上[11]。此项研究成果的发表将大大促进猪生物学的发展，也必将促进以猪作为模式动物进行人类生物学和生物医学的研究。

计算生物学方面：近年来国内在蛋白质翻译后修饰的功能研究方面也取得了一定的突破。在技术解决了高通量获取蛋白质翻译后修饰数据的技术瓶颈。在获得的数据的分析上也取得了重要的进展。2010年底*Molecular Biology and Evolution*杂志在线发表了中科院系统生物学重点实验室李亦学研究组与曾嵘研究组、日本国立遗传研究所Yoshio Tateno教授以及德国国家环境生物学研究中心流行病研究所共同合作取得的研究成果。该项研究报道了蛋白质磷酸化修饰的进化与功能的相关性在脊椎动物和无脊椎动物之间存在显著的差异，并且提出了一个新的判定蛋白质修饰的功能重要性的朴实的进化分析方法。蛋白质的翻译后修饰对细胞内众多的生物学过程具有重要的调控作用。研究在漫长的进化的过程中蛋白质的翻译后修饰位点的变异与蛋白质功能的关系有助于对蛋白质的翻译后修饰的重要性进行分类，发现蛋白质的翻译后修饰调控的精细机制。通过建立的分析方法研究发现，蛋白质磷酸化修饰的进化及其与功能的相关性在脊椎动物和无脊椎动物之间存在显著的差异。该项研究纠正了2009年Tan发表在*Science*上的文章中的模糊结论（Science，2009， Vol. 325, pp-1686），指出tyrosine磷酸化位点的丢失对于脊椎动物来说仅仅存在于一些与细胞基本的生化过程相关的蛋白质中，而脊椎动物特有的细胞生化过程相关的蛋白质中tyrosine磷酸化位点整体上不仅没有丢失，而且存在非常显著的增加。这个现象可能预示脊椎动物和无脊椎动物应对环境压力，在蛋白质磷酸化修饰调控机制的进化方面采取了一种截然不同的方式，其背后的驱动力值得进一步研究。

在大规模生物学网络的知识发现方面：军事医学科学院蛋白质组国家重点实验室的课题组进行了一系列工作。首先，他们发展了一种新的算法PRINCESS进行高通量蛋白质相互作用数据的可靠性分析，该算法的准确率超过了以往的任何方法。为了让学术界方便地使用此方法，他们已将其发展成一个网络分析工具（PRINCESS）。该方法不仅可以用于高通量蛋白质相互作用数据的可信度评估，还可以从多个方面对蛋白质相互作用数据进行注释。基于可靠的蛋白网络，他们进行了相互作用网络中信号转导知识的研究，发展了一种进行通路和网络比较的新算法，并在此基础

上开发了一个对蛋白质相互作用网络和生物学通路进行整合分析的网络分析工具（PNmerger）。进一步的，进行了蛋白质相互作用网络中蛋白质上下游关系的研究，并建立了一种高准确率的预测方法，该方法根据蛋白质包含的结构域预测相互作用蛋白之间的信号流走向。首先，定义了一个新的指标F用于度量结构域相互作用的方向，并在此基础上，提出了一种新的参数PIDS（Protein Interaction Directional Score），用于预测蛋白质相互作用的信号流的方向。该方法在多个物种中都得到了较高的预测准确率和覆盖度。在合适的阈值下，该方法的预测准确率达到了89.79%。利用该方法得到了一个有向蛋白网络，该有向网络中相互作用的方向性得到了现有的信号转导网络数据库很好的支持。对该有向网络在拓扑结构、亚细胞定位和功能方面的分析也表明其具有很多信号转导网络的特征。

组蛋白修饰是调控基因表达的重要表观遗传学机制，在保持胚胎干细胞的全能性以及癌症的病理过程中起到了重要的作用。不同的组蛋白修饰有可能组成复杂的“组蛋白编码”。近两年来,高通量的染色体免疫沉淀结合全基因组DNA芯片或新一代短序列测序技术（“ChIP-chip”和“ChIP-seq”）产生了高清晰度的人类全基因组上的诸多组蛋白修饰位点。中国科学院马普计算生物学研究所韩敬东研究组在此基础上，利用贝叶斯网络推测组蛋白各种不同修饰和基因表达之间的因果关系及组合关系。该方法在PcG复合物和H3K27me3的数据上进行测试，所得结论和现有的实验结果一致。组蛋白各种不同修饰和基因表达之间建立的贝叶斯网络具有很好的交叉验证结果。它不仅吻合很多已知的组蛋白与基因表达的关系（如H3K27me3抑制基因表达，H3K4me3促进基因表达，以及这两种修饰的共同影响），而且发现了许多新的组蛋白修饰和基因表达之间的关系，以及组蛋白修饰相互之间形成的逻辑关系。

在蛋白质组研究方面：华中师范大学化学学院的钟鸿英教授带领的研究小组在*Nature Protocols*的杂志上发表了一种蛋白质翻译后脂修饰的新型质谱分析方法iFAT。该方法综合了新型MALDI/ESI技术、质谱成像分析技术、谱图分析方法、海量质谱数据的生物信息分析方法，克服了以上ABE法和CR法两种方法的不足，成功实现了脂质的结构鉴定和脂质变化的定量测定。iFAT法的建立为进一步研究脂修饰蛋白的调控网络，发现新型药物作用靶标，认识人类重大疾病的发生和发展提供了一种有用的研究手段[12]。近年来，电子转移

裂解（Electron Transfer Dissociation, ETD）作为一种新的肽段碎裂方式，在蛋白质组学领域中获得了广泛的应用。但是现有的分析软件不能充分解析ETD质谱数据，亟待完善。北京生命科学研究所董梦秋实验室与中科院计算所贺思敏教授的pFind课题组以四十多万张ETD谱图为基础，进行了大规模的统计分析，系统地总结了ETD的碎裂规律与特征，例如，ETD碎片离子的氢重排（即失去或捕获一个甚至多个氢原子）主要受三种因素的影响：碎片离子类型（c- 或 z- 离子）、碎片离子相对于母离子的大小，以及母离子电荷状态，这远比以前所认识到的复杂。这一文章发表在*Journal of Proteome Research*，将ETD谱图的特征应用到数据库搜索引擎pFind中，极大地提高了ETD谱图的鉴定率。在假阳性率为1%的情况下，pFind 从+2价母离子的ETD谱图中鉴定到的非冗余肽段数比Mascot 2.2多63%~122%。对于更高价态的肽段和磷酸化肽段，pFind也有更好的鉴定结果[13]。在蛋白质组学研究中，蛋白质肽段的鉴定是蛋白质组学研究中非常重要步骤，华东理工大学以及上海生物信息研究中心的研究人员在国际蛋白质组学顶级期刊*Molecular & Cellular Proteomics*上发表了题为“Feature-matching pattern-based support vector machines for robust peptide mass fingerprinting”的研究论文，探讨了利用机器学习方法的肽质量指纹图谱（Peptide mass fingerprinting，PMF）新算法。这一新算法着眼于提高PMF算法的精确度和稳定性，将蛋白质鉴定过程区分为独立而又关联的三个对象，针对每个对象的特定属性和关键问题，共分解出35640个特征，利用支持向量机建立了有效的预测模型。通过与现有四种PMF鉴定算法（Mascot，MS-Fit，ProFound 和 Aldent）相比，新算法在灵敏度、精确度和稳定性上均获得显著提高[14]。此外，上海生物信息研究中心的研究人员与美国Vanderbilt大学的科学家共同合作，在癌症蛋白质组学方面首次将蛋白质相互作用网络与蛋白质表达谱相结合，提出了新的系统生物学分析方法，建立了人类癌症蛋白质组突变数据库CanProVar（http://bioinfo.vanderbilt.edu/canprovar/），研究生物网络与蛋白质突变的关系，以及突变蛋白质之间的相互作用等，并基于已建立的突变数据库，利用癌症样本的质谱表达数据，对癌症相关突变肽段的鉴定方法和评估方法做了初步探索，研究结果发表于*Human Mutation*杂志[15]。

计算系统生物学方面：在植物光合作用系统的系统生物学研究方面也取得了很有意义的进展。中科院系统生物学

重点实验室和复旦大学的研究人员采用动态的流平衡分析方法（Dynamic Flux Balance Analysis, DFBA）耦联代谢调整最小化原则（minimization of metabolic adjustment, MOMA），对C3植物叶绿体光合作用代谢网络在干旱和高CO_2浓度压力下的鲁棒性进行了研究。研究表明，在扰动条件下，光合代谢涉及的各个pathway之间紧密的协同调控确保了网络的鲁棒性，使得光合作用代谢网络仍然符合MOMA原则。表明系统的最小波动是系统维持正常功能的关键因素。这项工作揭示了生物学系统在动力学过程中的鲁棒性现象背后的机制。该研究工作发表在《美国科学院院报》上。

（三）展望

生物信息技术的发展将对分子生物学、药物设计、工作流管理和医疗成像等领域产生巨大的影响，极有可能引发新的产业革命。此外，生物信息学所倡导的全球范围的资源共享也将对整个自然科学乃至人类社会的发展产生深远的影响。今日生物学数据的巨大积累将导致重大生物学规律的发现，生物信息学的发展在国内、外基本上都处在起步阶段，因此，这是我国生物学赶超世界先进水平的极好机会。

目前，生物信息技术的进一步发展面临挑战，生物信息技术是计算机软件技术、数学和生物科学的结合，其中的计算机和数学是工具，生物科学是主题。但往往是专职的计算机人员在研究生物信息学，其研究重点是程序的开发和应用；另一方面，生物科学的人也在研究生物信息学，其在软件的开发和应用上可能有所欠缺。这无疑会影响生物信息学的发展。因此，为了发挥生物信息学的巨大探索生命科学的潜力，必须将这两类人才结合起来，造就一批在数学、计算机以及生物科学领域都是专家的全才，才能更好地发挥生物信息学在人们认识生物方面的优势。

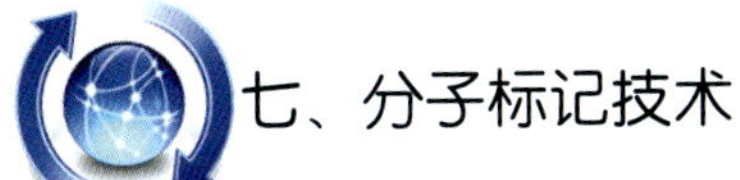

七、分子标记技术

分子标记技术是一种基于DNA变异的新技术手段，与其他标记方法相比，分子标记具有无比的优越性。它直接以DNA形式出现，在植物体的各个组织、各发育时期均可检测到，不受季节、环境的限制，不存在表达与否的问题；数量极多，遍及整个基因组；多态性高，利用大量引物、探针可完成覆盖基因组的分析；表现为中性，即不影响目标性状的表达，与不良性状无必然的联系；许多标记为共显性，能够鉴别出纯合的基因型与杂合的基因型，

提供完整的遗传信息。

近年来，分子标记技术在育种方面的研究和应用比较多。分子标记辅助育种（marker-assisted selection, MAS）依据个体间分子层次的差异包括：重复性序列、点突变、插入/缺失等，利用与目标性状连锁或高度相关的特性进行品种选育，目前已经有多种分子标记系统成功建立，包括限制片段多型性（restriction fragment length polymorphism, RFLP）、随机增幅多型性DNA（random amplified polymorphic DNA, RAPD）、增幅片段长度多型性（amplification fragment length polymorphism, AFLP）等。而从这些原有的分子标记系统衍伸出来的系统有：包含PCR与RFLP两项技术的限制酵素切割扩增片段多型性（cleaved amplified polymorphic sequence, CAPS）以及将RAPD或AFLP方式产生出的DNA条带进行回收与定序的序列特异的扩增区域（sequence characterized amplified region, SCAR）。

（一）国际研究进展

FAO Biotechnology in Developing Countries (FAO-BioDeC)是一种意在收集、储存、编制和传播关于发展中国家正在使用或准备的作物生物技术产品和技术最新工艺的最新基准信息数据库。此数据库包括各发展中国家、转型经济国家在内的大约2000条目，从资料库中可以了解各国对于生物技术的应用和发展的情况，有助于发现产业研究需要，同时，也提供各国彼此了解相关研究计划，进而促成国与国合作，共同研究开发的契机。FAO-BioDeC虽然未对已开发国家或是国际型研究中心的研究活动加以调查，但是仍可以从资料中看到世界多国应用于植物育种相关生物技术的咨询以及研究的趋势。

FAO-BioDeC资料库结果显示，FAO-BioDeC资料库中超过4000篇的生物技术研究资料，其中912篇是与运用分子标记技术有关，912篇中有650篇是运用于作物上，262篇则是在林木方面的相关研究。分子标记系统在作物研究方面最多的是以DNA为基础的分子标记技术，RAPD、SSR应用最为普遍，近期开发的分子标记AFLPs也是重要的分子标记技术；林木的MAS研究以技术门槛较低的分子标记系统RAPDs应用最为广泛，在作物上较少利用的同工异构酶（Isozymes）则是林木研究时重要的分子标记。

在研究趋势上，若是分别以2006、2010从资料库所查得的2006、2010年研究计划书篇数进行比较，在作物分子标记的研究上，排除研究篇数过少的Isozymes，

SSR为分子标记技术中应用成长最为快速的一种技术，而同样以PCR技术为基础的两种研究系统AFLP以及RAPD，研究成长也颇为迅速，至于开发历史最久的RFLP多年来依旧是重要的分子标记技术；林木方面，若不考虑2006年其他未分类的研究计划已获得重新分类的影响，近几年的研究以AFLP的增加幅度最大，RFLP、RAPD 的相关研究篇数也有增加，Isozymes 则多为之前研究之延续（表2-5）。

表2-5　作物及林木领域使用不同种类分子标记所进行之研究计划数量

分子标志系统	作物			林木		
	2006*	2010*	增加件数	2006*	2010*	增加件数
Protein marker	0	0	2	0	0	0
RFLP	61	65	4	9	14	5
RAPD	158	199	41	15	76	61
SSRs/Microsatellites	68	133	65	19	19	0
AFLP	65	94	29	3	25	22
Isozymes	2	8	6	50	52	2
Chloroplast DNA sequences	0	0	0	11	11	0
rDNA	0	0	0	4	4	0
其他未分类	135	149	14	77	61	−16
总计	489	650	161	188	262	74

注：检索时间分别为2006年9月和2010年7月

资料来源：FAO-BioDeC、FAO MARKER-ASSISTED SELECTION

在912 篇分子标记相关的研究资料中，其中725 个研究计划仍旧处于较早期的研究阶段，119 个研究计划已进入田间试验，商品化阶段的研究成果占不到1%仅有7项，与品种开发相关的研究成果有：巴西利用RFLP 技术开发出的一种观赏植物品种、印尼应用AFLP 技术发展出耐旱的稻米品系、荷属安第列斯群岛开发出具有水稻白叶枯病抗性基因的水稻品种以及中非国家蒲隆地研究出的一个林木品种（表 2-6）。

表2-6　2010 年作物及林木领域使用分子标记所进行研究计划之研发进展

计划研究阶段	作物	林木	总计
实验阶段	476	249	725
田间试验阶段	109	10	119
商品化阶段	5	2	7
未定义	60	1	61
总和	650	262	912

资料来源：FAO-BioDeC

表2-7显示出发展中国家分子标记技术主要应用的作物种类，谷类作物是最重要的研究物种，其次分别是特用作物、果树类、豆荚类等。品种方面，谷类作物着重于小麦、稻米与玉米三大类，特用作物中甘蔗、棉花为重点物种；果树类的香蕉、木瓜、椰子亦是主要研究项目；豆荚类的黄豆、菜豆、豇豆；薯芋类的作物如马铃薯、番薯、树薯；蔬菜类的番茄、红萝卜与胡瓜同样是MAS 研究的主要标的。而以地理区来看，分子标记在南美洲以及加勒比海地区广泛使用，特别是用在安第斯山地区特有的根或茎类作物、甘蔗、米、可可、香蕉、玉米等作物上；在亚太地区分子标记相关的研究活动主要着眼于林木、甘蔗、米、黄麻、香蕉、椰子和小麦；非洲地区集中在衣索比亚、南非、辛巴威和奈及利亚，研究范围则横跨传统的商品到热带水果。

表2-7　以作物类别区分2010 年分子标记相关研究计划

作物类别	研究计划篇数
谷物及类谷物	203
特用作物	86
果树类	85
豆荚类	76
根茎类	57
蔬菜类	34
饲料作物	18
香料类作物	15
其他或无特定对向之作物	76
总计	650

资料来源：FAO-BioDeC

（二）我国研究进展

在国家863计划等科技计划的支持下，我国植物分子育种研究取得了长足进步，已建立较完善的研究体系，开始进入实用阶段，并正由传统的“经验育种”逐步跨入定向、高效的“精确育种”。以分子标记、转基因技术为核心的现代分子育种技术大幅提升了育种的效率和准确性，常规育种需要7~8代才能选出的育种材料，现代技术能将其缩短到2~3代，育种周期缩短为原来的1/4~1/3，实现了快速、定向、高效培育系统改良的作物新品种。我国已定位与紧密标记控制主要农作物重要性状基因/QTL超过990个，建立了有限回交与标记辅助选择相结合的育种技术，实现了由传统的性状选择到基因直接选

择的转变，大大提高了育种选择的精确性。

早中晚兼用优质“黄华占”水稻品种为我国第一个采用分子育种手段育成的水稻品种，并成功实现产业化。我国还陆续选育出抗白叶枯病水稻恢复系中恢8006、耐贮藏水稻新品系W017，抗白粉病小麦新品系02G48、优质强筋小麦新品系山农W2132-5-2，优质蛋白玉米自交系CD3等。通过分子标记辅助选择将番茄疮痂病和斑点病的抗性基因聚合到同一材料中，培育出双抗番茄新种质，并育成一批耐低温弱光辣椒、黄瓜和硬果型耐贮运番茄新品种。

此外，我国在多基因协同操作技术和计算机模拟研究等方面已经取得良好进展，基因组选择技术不断完善。在利用分子数量遗传学原理和方法开展数量性状基因位点（quantitative trait loci，简称QTL）作图和QTL与环境互作关系的研究处于国际先进水平。在功能标记开发、数据库构建与信息网络建设、遗传网络和代谢网络构建和分子设计模型建立等方面积累了重要经验，从而使植物分子设计育种有了良好的开端。国家植物种质资源信息系统储存的数据已达数千万项，在大型数据库的建立、完善和维护方面积累了丰富的经验。

（三）展望

自20世纪80年代以来，先后开发出基于Southern杂交的第一代分子标记（RFLP为代表）和基于PCR的第二代分子标记（SSR为代表）。随着植物基因组学研究的发展，全基因组序列、基因组重测序序列、EST及全长cDNA数量迅猛增长，成为开发新型分子标记的新资源。

目前，全世界正在大力开发基于基因序列的第三代分子标记，即来自cDNA序列的SSR和SNP等标记。这类分子标记具有数目多、适于高通量检测的优点；更重要的是，由于EST和cDNA全长序列是表达基因序列，通过对现有的EST或全长cDNA数据进行标记查寻，再进行合适的标记引物设计和多态性检测，就可以找到稳定可靠的基于表达基因的特定分子标记。因为标记来自基因的转录区域，因此这些标记能更好地对基因功能的多样性进行更直接的评估。cSSR标记还具有一个优点，即部分标记可以跨物种应用，因为在不同物种中的表达基因大多数是相似的，针对这些表达基因设计的SSR标记就可以在物种间通用。

此外，根据EST序列信息或根据不同种质资源中的基因序列比较分析，还可以开发出针对特定等位基因的SNP或CAP标记，这些 SNP标记将大大方便对有利基因的分子标记辅助选择。

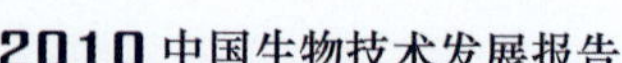

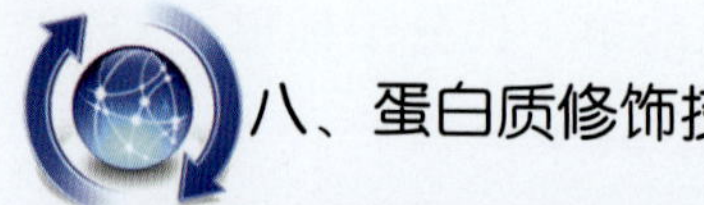

八、蛋白质修饰技术

蛋白质翻译后修饰在生命体中具有十分重要的作用，它使蛋白质的结构更为复杂，功能更为完善，调节更为精细，作用更为专一。常见的蛋白质翻译后修饰过程有泛素化、磷酸化、糖基化、脂基化、甲基化和乙酰化等。泛素化对于细胞分化与凋亡、DNA 修复、免疫应答和应激反应等生理过程起着重要作用；磷酸化涉及细胞信号转导、神经活动、肌肉收缩以及细胞的增殖、发育和分化等生理病理过程；糖基化在许多生物过程中如免疫保护、病毒的复制、细胞生长、炎症的产生等起着重要的作用；脂基化对于生物体内的信号转导过程起着非常关键的作用；组蛋白上的甲基化和乙酰化与转录调节有关。在体内，各种翻译后修饰过程不是孤立存在的，各种蛋白互相影响，形成一个复杂的平衡系统。因此，要了解蛋白的功能如何在体内发挥，对体内蛋白在某一状态下的组成和种类鉴定是非常重要的，这就需要发展系统的方法来富集、分离和鉴定功能蛋白。

（一）国际研究进展

2010年国际蛋白质修饰重要进展主要体现在磷酸化方面，美国加州大学圣克鲁兹分校癌症研究人员发现蛋白质链中加入或清除磷酸基可调细胞生长周期。该研究团体观察到细胞内生化反应分子机制，解释了肿瘤抑制基因是如何控制细胞生长分裂周期的，有助于开发癌症治疗新途径（Hirschi, 2010）。另外，功能蛋白的富集和分离也被广泛重视，主要原因是这些修饰蛋白的丰度很低，他们的功能往往在痕量的水平上就能发挥作用，从而使确定某些功能的源蛋白就十分困难，尤其是一些特异性的肿瘤标志物，其分离和鉴定就变得十分重要。近年来，国际上已经对了该方面研究显现了广泛的兴趣（E. F. Petricoin, et al, *Nature Reviews Cancer*, 2006）。

（二）我国研究进展

2010年，国内蛋白质修饰研究在蛋白质乙酰化、去乙酰化、磷酸化、泛素化、甲基化方面取得重大进展。

蛋白质乙酰化方面：2010年2月19日，复旦大学研究人员发表于《科学》杂志上的成果分别研究了乙酰化对蛋白质进行修饰以及对代谢通路进行调控的问题。发现蛋白质的乙酰化修饰普遍存在于人体的代谢酶之中，并且调节代谢通路及代谢酶的活性。乙酰化对代谢的调控发生在从低等

原核细胞到包括人在内的高等哺乳动物翻译后修饰过程，在生命进化进程中极为保守，具有很高的功能特异性——在代谢器官（如肝）中代谢酶被高度乙酰化，而在白血病中参与肿瘤发生的信号通路蛋白也被高度乙酰化(Zhao, 2010)。

中国科学院上海生命科学研究院生物化学与细胞生物学研究所课题组研究揭示在DP胸腺细胞向CD4或CD8分化定向过程中，ThPOK蛋白的稳定性及乙酰化修饰水平的不同是导致其最终在CD4和CD8细胞中差异表达的可能原因（Zhang et al, 2010）。

蛋白质去乙酰化方面：中国科学院上海生命科学研究院研究组研究发现组蛋白去乙酰化酶1（histone deacetylase 1，HDAC1）在转化生长因子-β1 (TGF-β1)诱导的上皮细胞向间质细胞的转变（epithelial-mesenchymal transition，EMT）过程中发挥重要作用（Lei, 2010）。

蛋白质磷酸化方面：中国科学院系统生物学重点实验室与日本国立遗传研究所以及德国国家环境生物学研究中心流行病研究所等共同合作发表在*Molecular Biology and Evolution*上（Wang et al, 2011）的研究成果显示，蛋白质磷酸化修饰的进化与功能的相关性在脊椎动物和无脊椎动物之间存在显著差异。

蛋白质泛素化方面：北京生命科学研究所（NIBS）研究人员报道了病原细菌效应蛋白通过直接共价修饰并失活宿主细胞中的泛素和泛素类蛋白从而导致宿主泛素信号通路发生功能紊乱的新的致病机制，该机制的发现将为抗菌类新药的研发提供理论基础和策略性的提示，这对掌握和了解病原细菌致病机理和建立有效防治手段有重要意义（Cui JX et al, 2010）。

蛋白质甲基化方面：上海交通大学医学院附属瑞金医院上海血液学研究所医学基因组学国家重点实验室，中国科学院上海生命科学研究院健康科学研究所发育与疾病实验室的研究人员，发现一个潜在的组蛋白甲基转移酶Setdb2通过抑制Fgf8信号通路负性调控斑马鱼胚胎背侧组织者发育和器官左-右轴的建立，这是首次提示组蛋白甲基化介导的表观遗传学机制在背侧组织者和左右不对称轴建立中起重要作用，这一研究成果在《美国国家科学院院刊》上（Xu et al, 2010）。

功能蛋白的富集及鉴定方面：复旦大学的生物医用平台和先进材料平台的相关研究人员，采用基于磁性纳米粒子的亲和富集及分离技术，成功用磁性硼酸配体核壳微球富集糖蛋白，在人的大肠癌肿瘤组织蛋白质中发现了165个新的糖基化位点。另

外，成功用磁性介孔IDA-Cu^{2+}微球富集血清中功能多肽，显示了磁性亲和筛分微球在功能蛋白分离和鉴定中的巨大潜在价值（*Angew Chem Int Ed,* 2010, 49, 7557）。

（三）展望

由于蛋白质翻译后修饰并不是直接由基因决定的，研究蛋白质翻译后修饰对蛋白质组学的研究具有更重要的意义，因此诞生了"翻译后修饰的蛋白质组学"。翻译后修饰的蛋白质组学是目前国际上的一个研究热点。翻译后修饰的蛋白质组学研究，不仅有助于理解翻译后修饰在生命过程中的重要意义，还对未来的药物开发提供了极大的保证，而研究该类蛋白的前提是如何富集、提取和鉴定相关蛋白。找到非正常细胞中变异的分子靶点，将有利于研究蛋白质的相互作用是如何被翻译后修饰过程控制，理解调控翻译后修饰过程因素，有利于在分子水平上揭示细胞过程和蛋白质网络的功能，最终可以指导针对分子的更准确的药物控制。蛋白质翻译后修饰的模拟物在蛋白疗法中将是新的热点，它将成为21世纪有力的医疗武器。

参考文献

[1] Alexander Hirschi, Matthew Cecchini, Rachel C Steinhardt et al. 2010. An overlapping kinase and phosphatase docking site regulates activity of the retinoblastoma protein. Nature Structural & *Molecular Biology.* 17:1051–1057

[2] Beibei Zhang, Tao Kong, et al, 2010, Surface Functionalization of Zinc Oxide by Carboxyalkylphosphonic Acid Self-Assembled Monolayers，*Langmuir*, 26 (6), 4514–4522

[3] Cui W, Wei Z, Chen Q, et al. 2010. Structure-Based Design of Peptides against G3BP with

[4] Cytotoxicity on Tumor Cells. *Journal Of Chemical Information And Modeling*. 50(3): 380-387

[5] Danino T, et al. 2010, A synchronized quorum of genetic clocks. *Nature*, 463: 326-330

[6] Didi Chen, Hui Xiao, et al., 2010,Retromer Is Required for Apoptotic Cell Clearance by Phagocytic Receptor Recycling, *Science,* 327(5970):1261-1264

[7] Dybowski JN, Heider D, Hoffmann D.2010.Prediction of Co-Receptor Usage of HIV-1 from Genotype. *Plos Computational Biology*. 6(4): 1-10

[8] Emanuel F. Petricoin, Claudio Belluco, Robyn P. Araujo and Lance A. Liotta, *Nature Reviews Cancer*, 2006, 6,961-967

[9] Focus on Synthetic Biology. *Nature Biotechnology,* 2009, 27(12)

[10] Gibson DG, Glass JI, Lartigue C, et al. 2010, Creation of aNbacterial cell controlled by a chemically synthesized genome. *Science*, 329(5987):52-56 2011

[11] Greg L Hura, Angeli L Menon.et al, Robust, high-throughput solution structural analyses by small angle X-ray scattering (SAXS), *Nature Methods* ,2009,6, 606-612

[12] Grima JN, Manicaro E, Attard D. 2011. Auxetic behaviour from connected different-sized squares and rectangles. Proceedings Of The Royal Society A-Mathematical Physical And Engineering, *Sciences.* 467(2126): 439-458

[13] Haddad R, Medhanie A, Roth Y et al, 2010. Predicting odor pleasantness with an electronic nose. *PLoS Comput Biol.*15;6(4):e1000740

[14] Hongrong Liu, Lei Jin, et al, 2010, Atomic Structure of Human Adenovirus by Cryo-EM Reveals Interactions Among Protein Networks, *Science*, 329(5995): 1038-1043

[15] Ieda M, Fu J D, Olguin P D, et al. 2010，Direct Reprogramming of Fibroblasts into Functional Cardiomyocytes by Defined Factors. *Cell*,142(3):375-386

[16] Jiezhen Mao, Ling Jiang, et al, 2010, Selective NMR Method for Detecting Choline Containing Compounds in Liver Tissue: The ^{1}H-^{14}N HSQC Experiment，*J. Am. Chem. Soc.*, 132 (49): 17349-17351

[17] Jiezhen Mao, Ling Jianga, et al, 2010, ^{1}H–^{14}N HSQC detection of choline-containing compounds in solutions，*Journal of Magnetic Resonance*, 206, 157-160

[18] Jung M, Reichstein M, Ciais P, et al. 2010. Recent decline in the global land evapotranspiration trend due to limited moisture supply. *Nature.* 467(7318): 951-954

[19] Kemmer C, et al. 2010，Self-sufficient control of urate homeostasis in mice by a synthetic circuit. *Nature Biotechnology*, 28(4): 355-359

[20] Klim J R, Li L Y, Wrighton P J, et al. 2010, A defined glycosaminoglycan-binding substratum for human pluripotent stem cells. *Nature Methods*, 7(12): 989-994

[21] Lei WW, Zhang KH, Pan XC, et al. 2010. Histone deacetylase 1 is required for transforming growth factor-beta 1-induced epithelial-mesenchymal transition. *International Journal of Biochemistry & Cell Biology*. 42(9): 1489-1497

[22] Liam T. Halla, Charles D. Hill, et al, 2010，Monitoring ion-channel function in real time through quantum decoherence，*PNAS*，107(44):1877-1878

[23] Li GH, Huang JF. 2010.CMASA: an accurate algorithm for detecting local protein structural similarity and its application to enzyme catalytic site annotation. *BMC BIOINFORMATICS*. 11:439

[24] Li HP. 2011. A New Test for Detecting Recent Positive Selection that is Free from the Confounding Impacts of Demography. *Molecular Biology And Evolution*. 28(1): 365-375

[25] Zhijun Yao, Yuanchao Zhang, Lei Lin, Yuan Zhou, Cunlu Xu, Tianzi Jiang, 2010, Abnormal Cortical Networks in Mild Cognitive Impairment and Alzheimer's Disease, PLoS Computational Biology, vol. 6, no. 11

[26] Liu XF, Ouyang SS, Yu BA, et al. 2010. PharmMapper server: a web server for potential drug target identification using pharmacophore mapping approach. *Nucleic Acids Research*. 38：W609-W614

[27] Loh Y H, Hartung O, Li H, et al. 2010, Reprogramming of T Cells from Human Peripheral Blood. Cell Stem *Cell*, 7,15-19

[28] Luo A, Qiao H J, Zhang Y Z, et al. 2010. Performance of criteria for selecting evolutionary models in phylogenetics: a comprehensive study based on simulated datasets. *BMC Evolutionary Biology*. 10:242

[29] Mark Matzas, et al. 2010, High-fidelity gene synthesis by retrieval of sequence-verified DNA identified using high-throughput pyrosequencing. *Nature Biotechnology*, 28: 1291-1294

[30] Pakorn Kanchanawong, Gleb Shtenge, et al, 2010, Nanoscale architecture of integrin-based cell adhesions, *Nature* , 468:580–584

[31] Peng H C, Ruan Z C, Long F H, et al. 2010. V3D enables real-time 3D visualization and quantitative analysis of large-scale biological image data sets. *Nature Biotechnology*, 28(4): 348-U75

[32] Pilipp Hasler. 2010, Investment considerations for industrial biotechnology: perspectives from a venture capitalist. *Industrial Biotechnology*, 6: 340-344

[33] Polo J M, Liu S, Figueroa M E, et al. 2010, Cell type of origin influences the molecular and functional properties of mouse induced pluripotent stem cells. *Nature Biotechnology*, 28(8):848–855

[34] Roberta Kwok. 2010, Five hard truths for synthetic biology. *Nature*, 463(7279):288-290

[35] Ruiqiang Li, Wei Fan, et al. 2010, The sequence and de novo assembly of the giant panda genome, *Nature*, 463, 311-317

[36] Seki T, Yuasa S, Oda M, et al. 2010, Generation of Induced Pluripotent Stem Cells from Human Terminally Differentiated Circulating T Cells. *Cell Stem Cell*, 7, 11-14

[37] Sriram Kosuri, et al. 2010, Scalable gene synthesis by selective amplification of DNA pools from high-fidelity microchips. *Nat Biotechnol*, 28: 1295-1299

[38] Spence J R, Mayhew C N, Rankin S A, et al. 2011, Directed differentiation of human pluripotent stem cells into intestinal tissue in vitro. *Nature*, 470:105–109

[39] Staerk J, Dawlaty M M, Gao Q, et al. 2010,Reprogramming of Human Peripheral Blood Cells to Induced Pluripotent Stem Cells. *Cell Stem* Cell, 7,20-24

[40] Stephen B Milne, Keri A Tallman, et al, 2010, Capture and release of alkyne-derivatized glycerophospholipids using cobalt chemistry，*Nature Chemical Biology*, 6, 205–207

[41] Stephanie J Culler, et al. 2010, Reprogramming cellular behavior with RNA controllers responsive to endogenous proteins. *Science*, 330: 1251-1255

[42] Sun R X, Dong M Q, Song C Q, et al. 2010. Improved Peptide Identification for Proteomic Analysis Based on Comprehensive Characterization of Electron Transfer Dissociation Spectra. *Journal of Proteome Research*. 9(12): 6354-6367

[43] Sutton M D, Briggs D E G, Siveter D J, et al. 2011. A soft-bodied lophophorate from the Silurian of England. *Biology Letters*. 7(1): 146-149

[44] Tal Danino, 2010. Octavio Mondragón-Palomino, Lev Tsimring& Jeff Hasty. A synchronized quorum of genetic clocks. *Nature* . 463:326-330

[45] Warren L, Manos P D, Ahfeldt T, et al. Highly Efficient Reprogramming to Pluripotency and Directed Differertiation of Human Cells with Synthetic Modified mRNA. *Cell Stem Cell*, 2010,7:618-630

[46] Wu A P, Peng Y S, Du X J, et al.2010. Correlation of Influenza Virus Excess Mortality with Antigenic Variation: Application to Rapid Estimation of Influenza Mortality Burden. *Plos Computational Biology*. 6(8): e1000882

[47] Xinglu Huang, Xu Teng, 2010, The effect of the shape of mesoporous silica nanoparticles on cellular uptake and cell function, *Biomaterials*, 2010, 31, (3): 438-448(3) 010世技(3)

[48] ZHang LiuYan, CHang SuHua & Wang Jing, Synthetic biology: From the first synthetic cell to see its current situation and future development, *Chinese Sci Bull* , 2011, 56(3):229-237

[49] 中国科学院科学发展报告，赵学明，陈涛，合成生物学：进展与展望，科学出版社，2011

[50] 经验到精确我国植物分子育种长足进步，2010. http://scitech.people.com.cn/GB/10811498.html

[51] 德成功电脑模拟受损肝脏再生过程. 2010. http://xxbei.com/article/8310.html

[52] 科学家发明纳米孔检测miRNA方法. http://www.sic.cas.cn/xwzx/kydt/201011/t20101117_3012722.html

[53] 涂金纳米粒子或有助乳腺癌治疗. http://news.sciencenet.cn/htmlpaper/20101131623683213038.shtm

[54] 纳米颗粒可对抗多药耐药菌. http://www.nanoinchina.com/cn/Document/IndustryInfo/detail.aspx?linkid=510

[55] 细胞器靶向的抗肿瘤研究取得新进展. http://www.nanoctr.cn/xwdt/kyjz/201101/t20110110_3057251.html

[56] 美科学家研制出可杀死肿瘤细胞纳米机器人. http://www.sciam.com.cn/html/shengming/qianyanyixue/2010/0322/9585.html

[57] 美首次引入可共同抗击癌症的纳米协作系统. http://www.most.gov.cn/gnwkjdt/201001/t20100108_75286.htm

[58] 一种基于DNA纳米技术的生物传感平台. http://www.bioon.com/tech/instrument/466851.shtml

[59] 石墨烯纳米生物传感器的研究取得新进展. http://www.nanoctr.cas.cn/xwdt/kyjz/201003/t20100329_2808281.html

[60] 我国纳米生物技术获重要进展. 研究成果国际领先. http://scitech.people.com.cn/GB/10874316.html

[61] 中国科学院化学研究所在细胞信号转导相关蛋白的单分子实时成像和表征研究方面取得重要进展. http://www.nsfc.gov.cn/nsfc/cen/00/kxb/hxb/images/6086.htm. [2011-5-18]

[62] 《自然》2010年度回顾之生物篇，http://www.ebiotrade.com/newsf/2010-12/20101223174327299.htm

[63] 中国科学院自动化研究所医学影像研究室. http://www.3dmed.net/lab_news_973_yanshou.html

[64] 生物谷. 2010，高通量测序技术日渐成熟. http://www.bioon.com/biology/postgenomics/469288.shtml. [2011-5-6].

[65] 中国科学院.2010. 基因组所半导体所研制的“模块化DNA分析系统”通过验收http://www.cas.cn/ky/kyjz/201104/t20110408_3108928.shtml. [2011-5-6]

[66] 科学网. 2010. 我国将研发第三代基因测序仪. http://paper.sciencenet.cn/htmlnews/2009/12/225824.shtm. [2011-5-6]

[67] 中国经济网. 2010. 2010年基因组学蓬勃发展 推动生命科学大步向前. http://www.ce.cn/xwzx/kj/201102/14/t20110214_22211762.shtml.[2011-5-6]

[68] Biotochnology Industvy Orgnization. Current uses of synthetic biology for chemicals and pharmaceuticals. http://bio.org/ind/syntheticbiology/Synthetic_Biology_Everyday_Products.pdf

[69] Cracking a tooth: 3-D map of atoms sheds light on nanoscale interfaces in teeth, may aid materials design, http://www.physorg.com/news/2011-01-tooth-d-atoms-nanoscale-interfaces.html

[70] Magnetic nanoparticles and stem cells destroy tumours. http://nanotechweb.org/cws/article/tech/44556

[71] Nanobiotechnology: Applications and Global Markets. http://www.marketresearch.com/product/display.asp?productid=6007203&SID=90702390-492263597-406805147

[72] Lunter G., Goodson M., Stampy: a statistical algorithm for sensitive and fast mapping of Illumina sequence reads, Genome Res, 2011, 21(6):936-939

[73] Sato S. et al., Sequence Analysis of the Genome of an Oil-Bearing Tree, Jatropha curcaś L.DNA Res, 2011, 18 (1): 65-76

[74] Spanu P.D., Kämper J., Genomics of biotrophy in fungi and oomycetes-emerging patterns, Curr Opin Plant Biol., 2010, 13: 409-414

[75] Takata R. et al., Genome-wide association study identifies five new susceptibility loci for prostate cancer in the Japanese population, Nat. Genet., 2010, 42: 751–754

[76] Davila S. et al.,Genome-wide association study identifies variants in the CFH region associated with host susceptibility to meningococcal disease, Nat. Genet., 2010, 42:772–776

[77] Sharma C M. et al., The primary transcriptome of the major human pathogen Helicobacter pylori.Nature. 2010 ; 464(7286):250-255

[78] Chang R.L., Xie L., Xie L., Bourne P.E., Palsson B.Ø., Drug Off-Target Effects Predicted Using Structural Analysis in the Context of a Metabolic Network Model, PLoS Comput Biol, 2010, 6(9): e1000938

[79] Quan C. et al.,Genome-wide association study for vitiligo identifies susceptibility loci at 6q27 and the MHC, Nat Genet., 2010, 42(7): 614-618.

[80] Zhang K., Cui S., Chang S., Zhang L., Wang J., i-GSEA4GWAS: a web server for identification of pathways/gene sets associated with traits by applying an improved gene set enrichment analysis to genome-wide association study, Nucleic Acids Res., 2010, 38(Web Server issue):W90-5

[81] Zhang Y., Wang X., Kang L.,A k-mer scheme to predict piRNAs and characterize locust piRNAs, Bioinformatics,2011, 27(6):771-776

[82] Li M., et al., MicroRNAome of porcine pre- and postnatal development, PLoS One, 2010, 12;5(7):e11541

[83] Dong L., Li J., Li L., Li T., Zhong H.,Comparative analysis of S-fatty acylation of gel-separated proteins by stable isotope-coded fatty acid transmethylation and mass spectrometry, Nat Protoc., 2011, 18;6(9):1377-1390

[84] Sun R.X. et al., Improved peptide identification for proteomic analysis based on comprehensive characterization of electron transfer dissociation spectra, J Proteome Res., 2010, 9(12):6354-6367

[85] Li Y., Hao P., Zhang S., Li Y., Feature-matching pattern-based support vector machines for robust peptide mass fingerprinting.Mol Cell Proteomics. 2011 Jul 20

[86] Li J., Duncan D.T. , Zhang B., CanProVar: a human cancer proteome variation database, Hum Mutat, 2010, 31(3):219-228

第三章 生物技术产业

一、概述

生物产业指以生命科学理论和生物技术为基础，结合信息学、系统科学、工程控制等理论和技术手段，通过对生物体及其细胞、亚细胞和分子的组分、结构、功能与作用机制开展研究并制造产品，或改造动物、植物、微生物等并使其具有所期望的品质特性，为社会提供商品和服务的行业的统称，包括生物医药（服务产业）、生物农业（资源产业）、生物能源、生物环保等，以及生物工业（生物制造产业）等。

近年来，中国的生物技术和产业取得较大进展。基因组学、蛋白质组学、干细胞技术等前沿生物技术不断创新，推动了生物技术的发展；甲型流感、乙肝等重大传染病、癌症和心血管等重大疾病防治技术的突破，为服务民生健康提供了有力技术支撑；超级稻、抗虫棉等一批农业生物技术先进成果推广应用，为农业发展作出了重要贡献；生物化学品、生物能源等生物制造产品的开发，对于推动工业领域的节能减排发挥了重要作用。2010年中国生物产业产值超过1.5万亿元，抗生素、疫苗、有机酸、氨基酸等多种生物产品产量位居世界前列，生物医药、生物制造、生物农业正在成为新的经济增长点。中国政府对生物技术发展高度重视。《国家中长期科学和技术发展规划纲要》把生物技术列入科技发展的五大战略重点之一。2010年，国务院把生物产业列为国家重点发展的七大战略性新兴产业之一。

未来我国生物产业将重点发展生物医药、生物农业、生物能源、生物环保、生物服务外包五大方面；全国生物产业产值到2015年预计将达到4万亿元，到2020年将达到8万亿至10万亿元。

关于生物医药方面的发展，未来五年将主要强调用于重大疾病防治的生物技术药物、新型疫苗、诊断试剂、化学药物等创新型药物品种。到2015年，百强新药企业销售收入占全行业销售总收入的50%；到

2020年，5家企业进入世界医药百强。未来五年，在生物制造方面，生物基产品占石化产品的比重将达到10%以上；在生物农业方面，将培育动植物新品种200个；在生物能源方面，非粮原料能源占比将明显上升。

当前世界各国纷纷加快培育新的经济增长点，为金融危机之后重振经济做好准备，生物产业已成为许多国家的重要选择。数据显示，全球生物产业销售额几乎每5年翻一番，增长速度是世界经济平均增长率的近10倍。预计到2020年，生物医药占全球药品的比重将超过1/3，生物质能源占世界能源消费的比重将达到5%左右，生物基材料将替代10%至20%的化学材料，精细化学品的生物法制造将替代化学法的30%至60%。

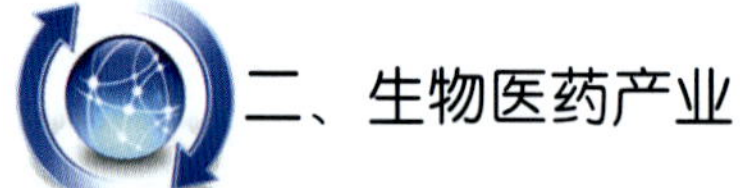

二、生物医药产业

（一）国际发展态势

近年来，全球生物医药产业进入了发展的拐点，发展势头有所减缓，根据所处区域的不同，全球生物医药行业呈现出不同的发展态势，药品市场格局发生深刻变化，新上市创新药物种类减少，制药企业的研究和生产中心从发达国家向发展中国家转移趋势愈加明显。

1. 全球市场格局变化

全球药品市场格局变化表现为发达国家的药品市场增速下降、发展中国家的药品市场发展迅速（表3-1，图3-1）。IMS Health公司于2010年4月20日发布的研究报告显示：全球药品市场规模预计在未来5年内将增长近3000亿美元，2014年将达到1.1万亿美元，年均5%～8%的年复合增长率既反映了发达国家的主销药品失去专利保护等因素所带来的影响，也反映了全球新兴国家医药市场强劲的整体增长。

表3-1　全球医药市场地区分布

区域	2010年销售额(亿美元)	2010年增长率(%)	2009年销售额(亿美元)	2009年增长率(%)	2008年增长率(%)	2006—2010年复合年增长率(%)
北美地区	3351	1.9	3221	5.5	1.9	4.6
欧洲	2532	2.4	2476	4.8	7	5.6
亚洲/非洲/澳洲	1297	14.0	1026	15.9	15	14.5
日本	1023	0.1	903	7.6	2.1	2.6
拉美	543	14.2	4580	10.6	12.7	12.1
全球	8746	4.1	8083	7	5.5	6.2

数据来源：IMS Health Market Prognosis, 2011.3

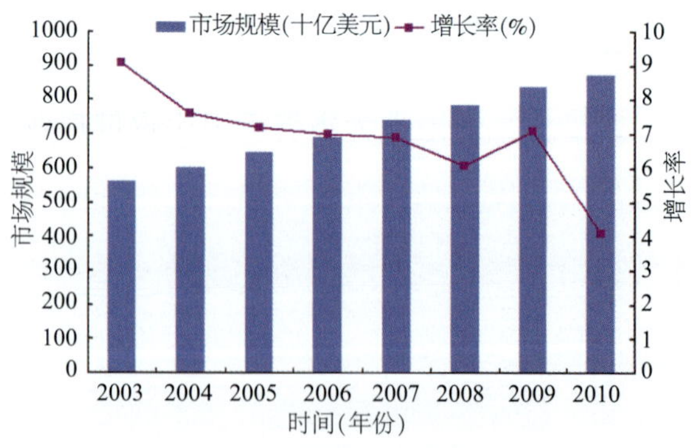

图3-1　全球药品市场规模与增速

数据来源：IMS Health Market Prognosis. 2011.3

（1）专利药大量到期，一些主要的疾病治疗转向使用仿制药

未来5年内，在主要发达医药市场中目前销售额逾1420亿美元的专利产品将面临来自仿制药的竞争。总体来说，受患者（主要包括血脂调节剂、抗精神病药物和抗消化性溃疡药等治疗领域）转而使用低价仿制药品的影响，2010—2014年期间全球范围内药品的总花销将减少800亿~1000亿美元。

由于受专利到期影响的药品销售额有三分之二落在美国，因此预计美国市场受影响最大。美国市场专利到期的高峰期将发生在2011年和2012年，届时当今销售额排前十位的药品中有6个将面临来自仿制药的竞争。

（2）对新产品严格审查有助于降低支付方的初期费用

未来五年内，预计每年上市的新专利药个数仍将保持在30~35个的范围，但是这些新化合物在临床使用和医保报销时将受到支付者更加严格和复杂的评估。这种现象在那些依赖于区域或地方为主管理卫生保健产业的国家（如中国、西班牙、意大利和加拿大等）会尤为明显。一般认为，这将会延迟新药的普及。

尽管支付方的预算赤字问题仍然是许多国家面临的问题，但对未来五年内全球经济复苏的预期减少了对行业发展不确定性的担忧。诸如美国目前实施的卫生医疗体制改革将可能促进市场的根本变化，但是要想看到其全面性的效果可能要等到21世纪的后半段。

（3）医药市场将继续向新兴医药市场转移

2010—2014年间，新兴医药市场预计将以14%~17%的速度增长，而主要的发达医药市场的增长率将仅为3%~6%。IMS Health公司预测，到2014年，新兴医药市场的药品销售额的累计增长金额将与发达医药市场持平，达到1200亿~1400亿美元，而过去五年间的这一数据的对比为690亿美元和1260亿美元。美国仍将是全球最大的医药市场，未来五年的年复合增长率将达到3%~6%。市场规模将由2009年的3000亿美元，增长到2014年的3600亿~3900亿美元。

(4)创新药物的研发周期和市场需求将推动治疗领域的发展

随着行业的产品研发转为向慢性病治疗领域提供更多的低成本仿制药，那些临床需求大、治疗费用高和适合于新技术应用的治疗领域将有更快速的发展。

2010—2014年期间，肿瘤、糖尿病、多发性硬化症和抗艾滋病毒等在内的治疗领域的年增长率将超过10%，这些主要是受益于新药的上市、就诊率的提高和用于开发低成本仿制药投资增加等因素的影响。

（5）大幅削减医疗预算将影响市场的

增长速度

随着全球经济的衰退，资本市场被迫减少在医药领域的投资。为了降低药品开支的增长，土耳其、西班牙、德国和法国等国已经宣布将全面限制药品使用或减少医保项目的计划。还有一些国家也将会采取相似的措施，或用将负担转嫁给患者的方式来保持政府的财政平衡。

2. 新药研发陷入困境

自20世纪末以来，全球新药研发产出不断下降。这既表现在美国食品药品局（FDA）批准的药物的减少上，也表现在近年来生物医药专利的减少上（图3-2，图3-3）。尽管其中有专利公开滞后导致近几年专利未完全收录的原因，但也说明了新药研发陷入困境这一不争的事实。

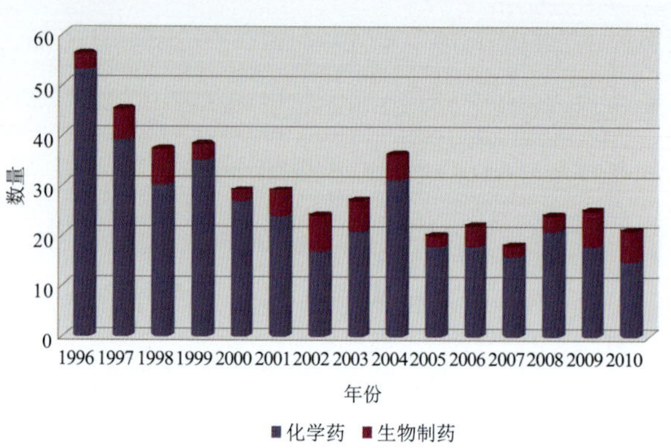

图3-2 1996—2010年FDA批准的药物

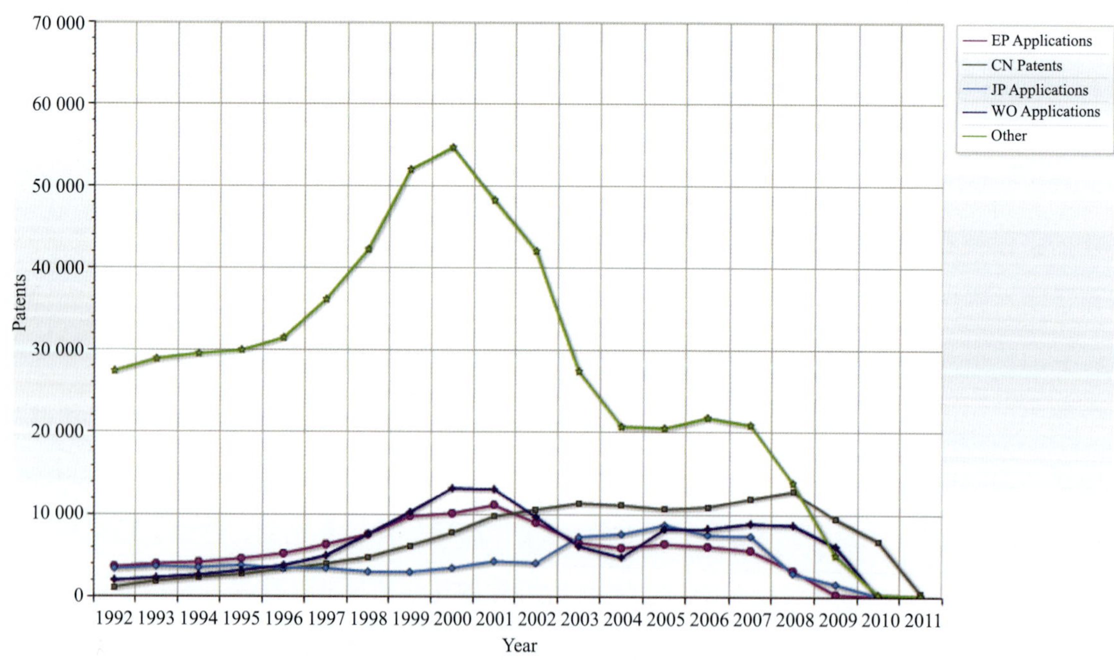

注:横轴为优先权年，纵轴为专利数; EP Applications-欧洲专利申请; CN Patents-中国大陆专利; JP Applications-日本申请专利；WO Applications-世界知识产权组织专利申请； Other-其他

图3-3 生物医药专利优先权年分布

候选药物失败率上升主要与以下因素有关：近年来，管理部门提高了新药批准的疗效及安全性的门槛；公司内部收益下降；市场销售竞争加剧和药物试验要求越来越严格。另外，研究还发现：新适应证药物的批准率为1/7，扩展适应证药物的批准率为1/30。同时，扩展适应证药物的临床试验成功率远低于平均水平，大分子药物获得批准的机会是小分子药物的两倍。

在全球新药整体研发生产力不断下降的同时，全球生物制药行业研发投入仍旧居高不下，同时，PHRMA成员的医药研发费用也居高难下（图3-4），2010年，全球生物技术医药行业研发投入达674.1亿美元。研发投入前10名的制药公司的总研发投入占整个制药行业总研发投入的10%以上。其中，辉瑞公司通过对其研发结构的调整使药物研发投入达到94亿美元，位居制药企业首位。与2009年的研发投入相比，2010年除罗氏、强生、赛诺菲-安万特和百时美施贵宝略有下降之外，辉瑞、默沙东、诺华、葛兰素史克、阿斯利康、礼来的增长比例都较大，其中默沙东的增幅达45%（表3-2）。但是，目前进入临床试验的药物被美国食品药品管理局批准的整体成功率不足 1/10，远低于以前1/6～1/5的水平。

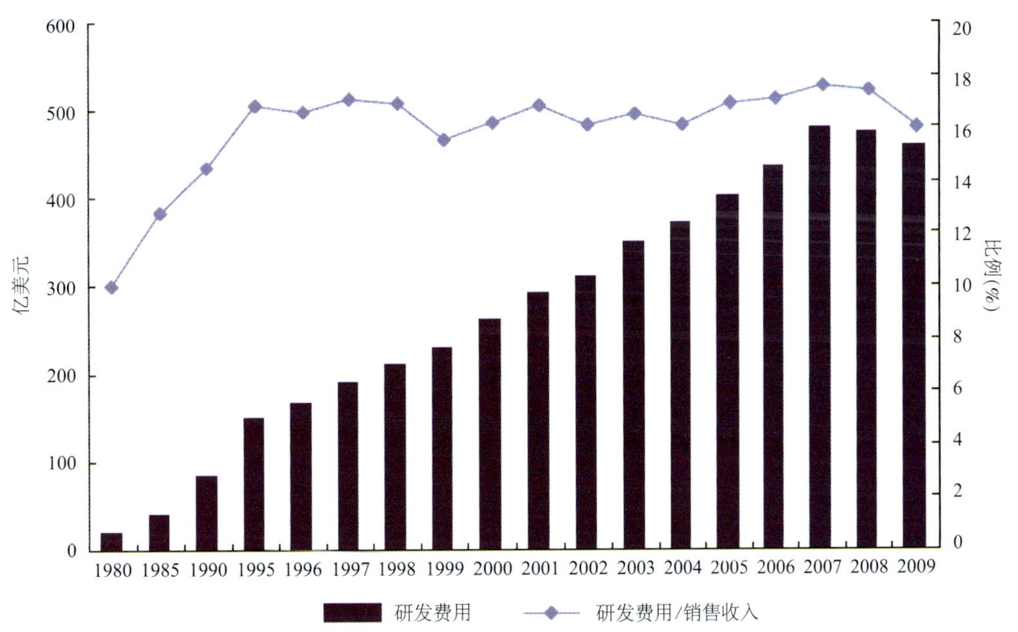

图3-4　1980—2009年PHRMA成员研发费用

数据来源：Pharmaceutical Research and Manufacturers of America (PHRMA)

表3-2　2010年全球研发投入前10名制药公司的研发投入

机构	2010年（亿美元）	2009年（亿美元）	2010与2009年相比
辉瑞	94	78	增长约20%
罗氏	92	97	下降约5%
默沙东	81.2	56	增长约45%
诺华	80.8	72.8	增长约11%
强生	68.4	69.8	下降约2%
葛兰素史克	60.9	56.1	增长约8%
赛诺菲-安万特	59.4	61.8	下降约4%
阿斯利康	53	44	增长约20%
礼来	48.8	43.2	增长约13%
百时美施贵宝	35.6	36.4	下降约2%

注：2010年全球研发投入前10名制药公司的研发投入包括在化学医药和生物技术医药的投入

数据来源：2010年全球十大药企研发投入与研发状况简析. 中国医药报 2011-3-24

3. 跨国制药企业布局转移

在上述的总体背景下，全球大型制药企业尽管开展了一些并购，但其收入并没出现明显的增长。与此同时，尽管排名前十的“重镑炸弹级”药物在过去几年内实现了销售量的增长，但随着专利的到期，这些药物的销售额总体上呈现下降趋势，而这也将影响其对应的一类药物的销售额（表3-3，表3-4，表3-5）。

表3-3　全球大型制药公司近年收入统计（亿美元）

	2010 年排名	2006年	2007年	2008年	2009年	2010年
辉瑞	1	594.15	599.09	586.77	570.24	556.02
诺华	2	316.53	344.79	366.84	384.60	468.06
默克	3	359.65	393.65	394.88	389.63	384.68
赛诺菲-安万特	4	318.43	343.90	364.37	355.24	358.75
阿斯利康	5	273.11	299.99	324.98	344.34	355.35
葛兰素史克	6	362.12	376.20	367.36	349.73	336.64
罗氏	7	231.68	272.32	302.85	327.63	326.93
强生	8	276.15	290.10	296.38	267.83	267.73
雅培	9	159.71	173.59	194.01	198.40	238.33
礼来	10	151.76	171.77	190.42	203.10	221.13
梯瓦	11	116.64	132.95	151.43	159.47	210.64
拜耳	12	123.29	141.03	158.87	157.11	156.56
安进	13	159.32	159.00	152.81	150.38	155.31
百时美施贵宝	14	113.48	120.21	135.59	141.10	149.77
勃林格殷格翰	15	113.20	125.56	141.09	152.75	145.91

数据来源：IMS Health Market Prognosis, 2011.3

表3-4 2010年全球排名前10位的产品销售额统计

	2010年排名	2008年销售额（亿美元）	2008年增长率（%）	2009年销售额（亿美元）	2009年增长率（%）	2010 销售额（亿美元）	2010年增长率（%）
LIPITOR	1	36.46	(−0.1)	32.88	(−6.2)	26.57	(−6.2)
PLAVIX	2	86.57	16.8	91.00	7.9	88.17	(3.4)
SERETIDE	3	76.97	7.3	80.99	8.9	84.69	4.4
NEXIUM	4	78.28	8.3	82.36	7.1	83.62	1.3
SEROQUEL	5	53.76	15.0	60.12	13.4	68.16	13.2
CRESTOR	6	39.42	30.9	53.83	39.2	67.97	24.0
ENBREL	7	55.21	8.6	58.63	9.3	61.67	5.2
REMICADE	8	49.19	14.9	54.53	13.1	60.39	10.3
HUMIRA	9	39.41	43.6	50.32	31.8	59.60	19.7
ZYPREXA	10	50.26	(−2.2)	53.57	9.3	57.37	6.6

数据来源：IMS Health Market Prognosis, 2011.3

表3-5 全球排名前10位治疗类别销售额统计

	2010年排名	2010 年销售额（亿美元）	2010年增长率（%）	2009年销售额（亿美元）	2009年增长率（%）	2008年销售额（亿美元）	2008年增长率（%）
抗肿瘤药	1	559.72	6.7	523.72	8.8	494.38	13.4
调脂药物	2	364.00	2.0	352.81	4.9	344.45	(−1.2)
呼吸系统药	3	359.26	7.0	335.96	11.0	311.86	5.9
抗糖尿病药	4	344.29	12.2	304.06	13.4	275.48	10.1
抗溃疡类	5	279.72	(−6.5)	296.10	0.6	300.32	0.0
血管紧张素Ⅱ拮抗剂	6	266.30	4.5	252.09	11.5	229.98	13.3
抗精神病药	7	254.12	9.0	232.48	4.6	227.42	7.7
自身免疫剂	8	207.10	14.7	179.61	18.0	156.12	19.3
抗抑郁药	9	202.16	3.4	194.16	(−1.3)	201.94	1.1
抗艾滋病病毒药	10	154.32	13.2	137.58	14.9	122.80	12.7

数据来源：IMS Health Market Prognosis, 2011.3

这些压力使得医药公司开始将其原料药、制剂乃至研发向发展中国家转移，以降低生产和研发成本，保持盈利能力和利润增长。例如，近些年国外制药企业纷纷在华设立研发中心（表3-6）。

表3-6　近些年国外制药企业纷纷在华设立研发中心

时间	公司	设立地点	投资额	性质	备注
2010年11月	礼来	上海		糖尿病治疗研究中心	礼来在上海设立的第二个研发中心
2010年11月	诺和诺德	北京	1亿美元	全球研发中心	将原北京研发中心扩建一倍
2010年10月	辉瑞	武汉		区域性临床研发中心	辉瑞上海研发中心的分支机构，为全球临床药物研发项目提供支持
2010年5月	美国健赞	天津		区域性研发中心	
2010年4月	赛诺菲-安万特	上海		亚太研发中心	中国研发中心升级为亚太研发中心
2009年11月	诺华	上海	10亿美元	全球研发中心	2010年底建成
2009年11月	默克雪兰诺	北京	15亿人民币	全球研发中心	
2009年9月	美国健赞	北京	8000万	全球研发中心	
2009年4月	强生	上海		亚洲研发中心	
2009年2月	拜耳先灵	北京	1亿欧元	全球研发中心	
2008年10月	礼来	上海		全球研发中心	
2008年10月	赛诺菲-安万特	北京		中国研发中心	最初在北京设立，后总部迁至上海
2007年5月	葛兰素史克	上海	1亿美元	神经退行性疾病领域的全球研发中心	
2006年5月	阿斯利康	上海	1亿美元	全球研发中心	2006年5月宣布建立，2009年建成
2006年11月	诺华	上海	9800万美元	中国研发中心	2007年5月建成
2006年2月	诺华	常熟	2.5亿美元	全球技术中心	
2005年10月	辉瑞	上海	2500万美元	亚洲研发中心	
2005年6月	赛诺菲-安万特	上海		中国临床研究中心	
2004年1月	罗氏	上海	4亿元人民币	全球研发中心	公司的第五个全球研发中心
2003年10月	礼来	上海		中国研发中心	
2002年11月	阿斯利康	上海	400万美元	东亚临床研发中心	
2002年1月	诺和诺德	北京		全球研发中心	2002年在北京亦庄成立，2004年迁往中关村。2010年11月15日，公司宣布扩建北京研发中心，规模将扩大一倍
2001年10月	法国施维雅	北京		国际临床研发中心	跨国医药公司在中国设立的第一家研发中心

4. 生物制品受到重视

1991—2010年间，以抗体、疫苗、重组蛋白为代表的生物制品呈现了快速增长的趋势（由于专利公开存在滞后现象，近几年的专利仅供参考）。单克隆抗体药物、疫苗、基因工程重组蛋白是生物制药中最具潜力的三大领域。其中，单克隆抗体药物有极强的靶向性和特异性，成为了研发的最主要领域（图3-5）。

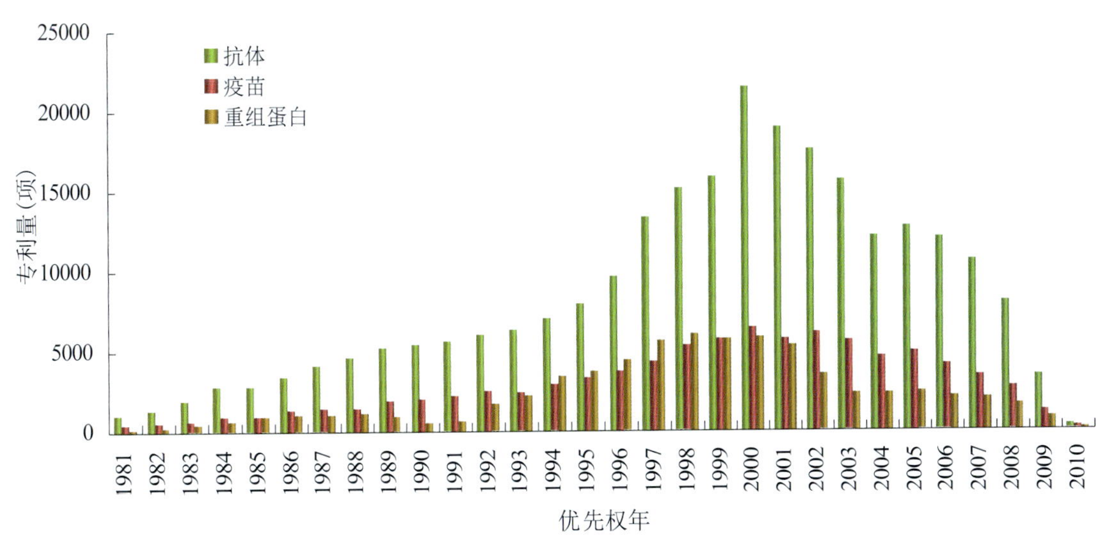

图3-5 生物制品的优先权年分布

数据来源：Derwent Innovations Index，2010

由于生物制品的研发已有20多年，因此，早期的生物制品专利已经到期，初步形成了生物制品的仿制药市场。尽管目前生物制品的市场规模小且高度分散，但市场预测表明，全球生物仿制药市场将快速增长，到2014 年达到194 亿美元。其中，美国将以35%的市场份额居第一位，原因包括：1）大量生物制品专利到期；2）政府对生物仿制药市场逐步放开，尤其是美国；3）生物仿制药“难以制造”的特点使得竞争相对较小（研发、生产、营销成本是化学仿制药的50 倍），价格是专利药的70%~80%，盈利空间吸引实力强大的企业不断加入生物仿制药行列。

（二）国内发展态势

1. 技术发展势头不减

2010年是“十一五”的最后一年，也是我国生物技术承上启下快速发展的一年，经过五年的发展，我国生物医药技术在新品种研发上取得了诸多进步：在疫苗研制方面，我国在多糖蛋白结合疫苗技术、反向疫苗学

技术、活载体疫苗技术等方面都取得了不同程度的突破和进展；在抗体药物研制方面，我国在单抗药物中试放大技术及规模化制备技术方面取得了明显突破；在再生医学方面，我国在干细胞、组织工程、医用生物材料领域都取得不同程度的进展。

本年度中，我国生物医药技术领域取得如下重要成果和进展：

WHO对我国疫苗监管系统进行了全面评价与考核，针对国家药监局疫苗监管系统整体框架、入市许可和签发批件、上市后监测（包括接种后不良反应）、批签发、实验室服务、对生产场所和分销渠道的监管检查、临床试验授权与监督等7个板块183个指标进行了严格检查。一旦国家药监局通过该项评估，我国疫苗生产企业即可通过其申请WHO疫苗产品预认证，从而批量快速进入国际市场。

北京微谷生物技术有限公司、北京科兴生物制品有限公司、中国医学院医学生物学研究所分别研制的EV71病毒灭活疫苗先后获批进入临床实验阶段，有望为我国防治致残致死性重症手足口病提供新的有力措施。

厦门大学、北京万泰生物药业股份有限公司、厦门万泰沧海生物技术有限公司等单位联合研制的重组戊肝疫苗临床Ⅲ期实验结果发表于《柳叶刀》，受到国际同行一致认可和高度评价。该临床实验为目前全球最大规模，受试人群超过11万人。从实验结果来看，我国自行研发的戊肝疫苗具有良好的安全性和有效性。

中国医学科学院医学生物学研究所研制的sabin株IPV脊髓灰质炎减毒活疫苗进入临床Ⅱ期研究阶段，有望使我国完全消除疫苗相关脊灰症状，为彻底消灭脊髓灰质炎提供了技术支撑。

中国医药集团所属中国生物技术集团公司成都生物制品研究所通过与美国适宜卫生科技组织(PATH)等国际组织的合作，已经完成乙型脑炎减毒活疫苗疫苗的WHO预认证申报主要准备工作，有望申报WHO预认证，从而使该品种一次性获得多个国家和国际组织采购资格，快速批量进入国际市场。截至目前，该产品已经分别获得8个国家的产品注册，累计出口量达到约1.3亿人份。

上海中信国健药业股份有限公司研制开发的抗CD25单克隆抗体完成临床Ⅲ期实验，表现出良好的安全性和有效性，该公司新建的2条3000L规模生产线也已获得相关产品生产许可证。

厦门大学、厦门万泰沧海生物技术有限公司等单位联合研制的基于大肠杆菌表达系统的病毒样颗粒（VLP）HPV疫苗（高危型16/18型）目前已经获得临床研究许可。该疫苗一旦研制成功，将对我国预防女性宫颈癌工作提供有力的技术支撑。

重庆富进生物医药有限公司自主研发的

只占国内疫苗市场的16%。我国要实现疫苗产业的做大做强，亟须在治疗性疫苗、成人用疫苗等新型二类疫苗品种的研制中取得突破，从而获得更高的生产附加值。

表3-8　2008~2010年中国一、二类疫苗市场销量对比

	2008年(百分比/万人份)	2009年(百分比/万人份)	2010年(百分比/万人份)
一类疫苗	49%/22618	73%/45270	78%/64837
二类疫苗	51%/23542	27%/16744	22%/18287
合计	100%/46160	100%/62014	100%/83124

数据来源：国家统计局，2011

在单克隆抗体药物方面，我国单抗市场规模近年来以每年50%以上的速度高速增长，2010年国内市场总额超过 10 亿元。随着我国生物医药技术的不断突破，国内市场已经由一开始由外资产品一家独大的局面，演化为目前国产品牌与国外品牌相互竞争的格局，其中中信国健药业股份有限公司和百泰生物药业有限公司等为我国抗体药物的主要生产企业。我国一批单抗药物已经进入临床实验阶段，有望于不远的将来进入市场，在抗体药物规模化生产关键技术方面也取得了一定的突破（表3-9）。

表3-9　2010年国内主要的在研单抗药物

序号	名称	研发单位	类别	适应证	目前状态
1	注射用重组抗HER2人源化单克隆抗体	上海中信国健药业股份有限公司	人源化	乳腺癌	申报药证
2	注射用重组人LFA3-抗体融合蛋白	上海张江生物技术有限公司	抗体融合蛋白	银屑病	申报药证
3	注射用抗肾综合征出血热病毒单克隆抗体	武汉生物制品研究所	鼠源性	抗感染	申报药证
4	注射用重组人Ⅱ型肿瘤坏死因子受体-抗体融合蛋白	上海赛金生物医药有限公司	融合蛋白	强直性脊柱炎	申报药证
5	注射用重组抗CD25人鼠嵌合单克隆抗体	上海国健生物技术研究院	嵌合	器官移植后反应	完成临床Ⅲ期
6	重组抗EGFR人鼠嵌合单克隆抗体注射液	上海张江生物技术有限公司	嵌合	转移性结直肠癌	完成临床Ⅲ期
7	注射用重组抗IgE人源化单克隆抗体	上海张江生物技术有限公司	人源化	过敏性哮喘	完成临床Ⅲ期
8	注射用重组抗TNF-alpha人鼠嵌合单克隆抗体	上海张江生物技术有限公司	嵌合	类风湿关节炎	临床Ⅲ期
9	注射用重组人CTLA4－抗体融合蛋白	上海张江生物技术有限公司	融合蛋白	类风湿关节炎	临床Ⅲ期
10	注射用重组人II型肿瘤坏死因子受体－抗体融合蛋白	浙江海正药业股份有限公司	人源化	类风湿关节炎	临床Ⅲ期
11	重组人－鼠嵌合抗CD20单克隆抗体注射液	上海中信国健药业股份有限公司	嵌合	淋巴瘤	临床Ⅲ期
12	重组抗CD52人源化单克隆抗体注射液	上海张江生物技术有限公司	人源化	白血病	完成临床Ⅰ期
13	注射用重组抗CD11a人源化单克隆抗体	上海国健生物技术研究院	人源化	银屑病	临床Ⅱ期
14	重组抗CD3人源化单克隆抗体注射液	上海张江生物技术有限公司	人源化	器官移植后反应	临床Ⅱ期
15	重组人CD22单克隆抗体注射液	深圳龙瑞药业有限公司	嵌合	系统性红斑狼疮，类风湿关节炎	临床Ⅰ期

数据来源：国家食品药品监督管理局，2010

但总体来看，我国在单抗药物研发方面与国际先进水平相比，实力还很薄弱，在药物设计、中试工艺、哺乳动物细胞高效培养、规模化纯化工艺技术、关键原材料制备技术等方面，我国与发达国家还有很大的差距。我国抗体行业产业总的来说整体规模尚小，具有完全自主知识产权的抗体品种少，治疗性抗体产业以仿制为主。

5. 专利到期带来的机遇与挑战

大量药品专利到期势必吸引大量仿制药上市。根据IMS Health预测，未来5年，全球医药市场容量将会增长3000亿美元，年均复合增长率为5%~8%，而全球非专利药市场正以每年10%~15%的速度增长，远高于整体市场发展速度。2011—2015年间预计有770亿美元的药品专利到期，形成专利到期的高峰。美国奥巴马政府新颁布的医改法案中关于提前多种生物一线药物专利到期时间的规定，使未来几年内仿制药物市场的重要性得到进一步凸显。

但是，从细分的领域来看，随着专利到期药品规模加大，美国食品药品管理局接受通用名药申请和审批通过的数量都呈上升趋势，这也从一个角度说明药品专利到期给仿制药企业提供了肥沃的土壤，仿制药大亨进入快速发展期。

目前，我国的制药工业仍是一个独特的结合体，是以仿制药为主，具有良好的生产能力，生物技术部分所占比重较小，传统中药占有重要地位，外商独资和合资企业运作其中的制药工业。因此，发展中应找准切入点，形成研究、开发、生产一体化的运行体制，促使我国新药研究开发进入良性循环，是我国积极应对生物制药专利发展态势的必要条件。

从专利产出上看，新药的研究开发需要大量经费，且有增加之势。从短期上看，我国要在新药专利上实现“井喷”的难度较大，新药专利的主要仍然主要依赖于研究机构和高等院校，企业的产出较少。加强医药成果的转化，提倡组织多学科合作攻关，提高制剂设计与工艺水平，是我国应对生物制药的专利应对产出的积极之策。

从到期专利的利用上看，我国制药技术研发以仿制药品种为主，可以通过积极的应对策略，来拓展提升空间。首先，从生产技术的角度看，我国医药行业可以借鉴印度等国的做法，以仿为主，仿中有创，仿创结合，把仿制的重点放到新剂型、新工艺和新技术的开发上，并结合自己的创新技术。其次，从监管的角度看，我国医药行业可以借鉴澳大利亚等国的做法为仿制药研发提供新“跳板”。2006 年，澳大利亚联邦议会通过了知识产权法修正案，该修正案提出：在相关专利到期前，为获得药品上市的行政审批，仿制药研制者可以合法地不经专利权人

许可使用他人专利，即可以制造专利产品或使用专利方法。由于药品上市行政审批需要相当一段时间，知识产权法修正案的推出，可使仿制药在专利到期后立即上市。如果专利药到期后才允许仿制药制造商制造专利产品、使用专利方法，从专利到期到仿制药通过审批正式上市，无疑还需要几年时间。这实际上相当于延长了专利药的市场独占期，延迟了公众获得廉价仿制药的时间。最后，从市场的角度看，我国医药行业可以借鉴日本等国的做法，在定价等方面形成适当调控。例如，日本仿制药品价格政策将仿制药价格顺差拉开距离，首仿药比原研药、专利药降价15%~20%，第二个仿制药又要比第一个下降10%，依次顺推。这种做法的理由是，首家仿制药品的企业可能在仿制初期投入了一定的研发资源，在定价的时候可以适当倾斜。而当仿制企业高达几十家的时候，再申报就不再有价格优势，可以起到一定的调控作用。

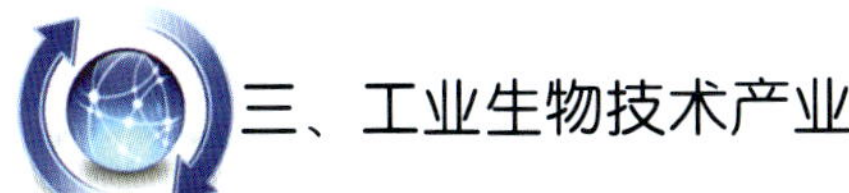

三、工业生物技术产业

现代工业体系建立基础是对于以石油和煤炭为主的化石资源的开采和利用。化石资源需要经历漫长的地质时代才能形成，由于现代工业对其过度的依赖和开采，一场前所未有的能源危机正在逼近；而大规模使用化石资源所导致的污染及温室气体排放也造成了严重的环境问题。工业生物技术以生物质资源为原料，将生物质转化工艺和设备相结合，用来生产生物能源、生物基化学品和生物材料，减少对化石资源的依赖，从而有利于建立清洁、高效、低耗、可持续的经济增长模式。

世界各国都在大力发展现代工业生物技术，并制定了发展规划，也形成了一定的产业基础（表3-10）。据全球知名咨询公司麦肯锡(McKinsey&Co)发布的报告预测，生物制造的核心技术——工业生物技术，即“白色”生物技术衍生产品将快速发展，到2012年其销售额将占全球化学工业总销售额的9%，而石油基化工产品的创新和增长将有所减慢。早在2002年，美国能源部和农业部就联合提出了《生物质技术路线图》的政策性报告。美国生物质能源的发展目标是：到2020年，生物燃油取代全国燃油消费量的10%，生物基产品取代石化原料制品的25%，减少相当于7000万辆汽车的二氧化碳排放量约1亿吨，每年增加农民收入200亿美元。这份报告预示“一个充满活力的新行业将在美国出现，它将提高我们的能源安全、环境质量和农村经济，它将生产出我们国家相当大一部分的电力、燃料和化学品”。当前面对经济危机，美国新政府为振兴经济，大力投资生物技术的发展。欧盟委员会提出

到2020年运输燃料的20%将用生物乙醇等生物燃料替代，荷兰皇家壳牌石油公司和英国石油公司都开始了包括生物质能源在内的可再生能源的投资；一些跨国公司如巴斯夫、杜邦、陶氏化学等亦介入此领域，日本制订了“阳光计划”，印度制订了“绿色能源工程计划”，为生物制造化学品的工业化生产奠定了良好的外部条件。我国也将工业生物技术作为生物技术发展的重要方向，以期在未来的生物经济中抢占战略制高点。

表3-10　工业生物技术SWOT分析

		欧盟	美国	日本	金砖四国
优势	驱动力	化工、生态、增值产品	能源和化工、创业与风投	化工、生态、增值产品	生物可再生碳源的商业化
	研发能力	学术和工业界的生物技术和化学研发实力强，区域研发密度最大	学术、创业和工业界的生物技术和化学研发实力强	学术和工业界的生物技术和化学研发实力强，区域研发密度大	
	公众接受度		转基因生物和转基因植物接受度高	接受新产品的期望值高	转基因生物和转基因植物接受度高
	可再生碳源利用	生产糖用甜菜、土豆淀粉和谷物淀粉	玉米和大豆产量高、木质纤维素乙醇产业领先	拥有海水养殖的传统	玉米、甘蔗和大豆产量高
劣势	驱动力	缺少生物能源相关技术供应商	生物能源比重太大	缺少生物能源相关技术供应商	尚处价值链工业早期阶段
	研发能力	技术转移、创业公司不足		技术转移、创业公司不足	仅有少数几个中心
	公众接受度	转基因生物和转基因植物接受度低			
	可再生碳源利用	受缺乏土地和进口商的限制	受水短缺的限制	土地和进口商缺乏导致可用的可再生碳源不充分	
机会	驱动力	化学工业寻求原料的灵活性	化学工业将添加新驱动	出口生物能源技术	发展生物精炼
	研发能力	加快合作与技术转移、营造创业环境	技术许可	增强全球合作	提升学术能力
	公众接受度	提高公众对转基因生物和转基因植物的接受度			
	可再生碳源利用	用于利基市场的特殊植物基前体	藻类培养、木质纤维素碳源的大规模生产	发展海洋生物技术	成为生物可再生碳源的生产者
威胁	驱动力	早期技术投资	建立生态驱动	早期技术投资	基础设施
	研发能力				技术引进
	公众接受度	公众对转基因生物和转基因植物的抵制			
	可再生碳源利用	种植植物原料的土地利用	关注除生物乙醇外的其他化学品	国内可再生碳源的有效性	自由贸易环境

数据来源：欧盟KET高水平工作组. KET–INDUSTRIAL BIOTECHNOLOGY

(一)生物能源

生物能源包括生物乙醇(玉米乙醇和纤维素乙醇)、生物柴油、生物制氢、生物发电、沼气等。随着石油资源的日益枯竭和环境污染的日益严重,作为一种清洁可再生的新能源,生物能源的研究和开发引起了全球各界的广泛重视(图3-7)。针对生物能源开发中亟待解决的难题,世界各国制定了各种旨在促进生物质开发利用的政策措施与发展计划,如美国的先进能源计划、欧盟的生物燃料战略、巴西的酒精能源计划、日本的新阳光计划和印度的绿色能源工程等;并投入大量的人力和物力开展生物能源、生物基材料与化学品研究,如美国先进能源计划中规划到2030年生物燃料取代30%运输用化石燃料,美国能源部规划在未来4年内投资3.85亿美元用于6个生物精炼项目,旨在利用含纤维素丰富的农林废弃物和能源植物生产燃料乙醇。各国政府颁布相关政策、加大投资力度,以积极支持生物能源的发展,生物能源产业可望不断发展,而一批企业也已形成(表3-11)。

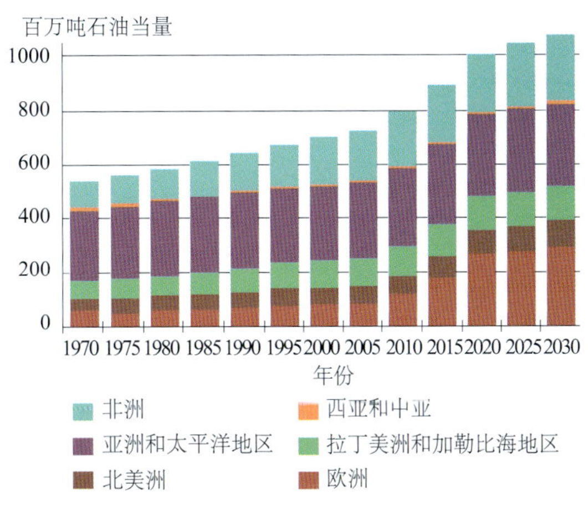

图3-7　全球生物能源产量

表3-11　国外主要的生物能源企业

企业	所在地	原料/可能的原料	产品/未来产品
Abengoa Bioenergy	生物能源设施在西班牙、巴西和美国	谷物,包括小麦/小麦秸秆,玉米秆	纤维素乙醇
AE Biofuels	美国	草,草种,草秸秆,玉米秸秆,渣,玉米,甘蔗	纤维素乙醇
AlgaeLink N.V.	荷兰	藻	生物原油
Algafuel	葡萄牙	藻	生物原油
Algasol Renewables	西班牙	藻	生物原油
Algenol Biofuels	美国和墨西哥	藻	纤维素乙醇
Amyris Biotechnologies, Inc.(Amyris Brasil S.A. and Amyris Fuels, LLC)	巴西,美国	发酵糖,甘蔗	烃类(法呢烯)
Aurora Algae	美国,澳大利亚	藻	生物原油

续表

企业	所在地	原料/可能的原料	产品/未来产品
BBI BioVentures LLC	美国	废弃物，无需处理或可简单处理的蒸汽原料	纤维素乙醇
BFT Bionic Fuel Technologies AG	德国	秸秆	烃类:柴油,民用燃料油
BioFuel Systems SL	西班牙	藻	生物原油
BioMCN	荷兰	粗甘油	甲醇
BioMex, Inc.	美国	木屑，草	甲基卤化物,生物汽油
BlueFire Ethanol	美国	木屑	纤维素乙醇
Borregaard Industries,LTD	挪威	云杉木浆废液	纤维素, 木质素,生物乙醇
BP Biofuels	美国，巴西	细叶芒	纤维素乙醇
Butamax Advanced Biofuels	美国	草，玉米秸秆	生物丁醇
Carbona, Inc.	芬兰和美国	森林残渣	费-托 燃料
Catchlight Energy	美国	木材与草，残渣	纤维素乙醇
Cellana	美国	藻	生物燃料, 动物饲料
Chemrec AB	瑞典	纸浆副产品	生物二甲醚
CHOREN Technologies GmbH	德国	干木屑和森林残渣	生物质转化的液体合成燃料
Colusa Biomass Energy Corporation	美国	水稻秸秆，稻壳，玉米秆和棒，小麦秸秆和果壳，木屑和锯屑	纤维素乙醇, 二氧化硅/氧化钠, 木质素
Coskata, Inc.	美国	农业和森林残渣，木屑，渣，城镇固体废弃物	纤维素乙醇
CTU (Clean Technology Universe)	瑞士，奥地利	木，玉米，草，作物青贮饲料	合成气
Cutec-Institut GmbH	德国	秸秆，木，干青贮，有机残渣	费-托 燃料
DuPont Danisco Cellulosic Ethanol L.L.C (DDCE)	美国	玉米秆，棒和纤维，草	纤维素乙醇
Dynamic Fuels, LLC	美国	动物脂肪，地沟油	柴油, 航空燃料
ECN (Energy Research Centre of the Netherlands)	荷兰	木屑	合成天然气
Enerkem	加拿大，美国	城镇废弃物，森林和农业残渣	乙醇和生物乙醇
Envergent Technologies	美国	森林和农业残渣	作为汽油,柴油, 航空燃料的升级热解
EtanolPiloten (Ethanol Pilot Plant)	瑞典	森林残渣	纤维素乙醇
Flambeau River Biofuels, LLC	美国	树皮，锯屑，木和森林残渣	电能, 蒸汽和热能, 柴油，蜡
Frontier Renewable Resources, LLC	美国	木屑	乙醇, 木质素

续表

企业	所在地	原料/可能的原料	产品/未来产品
Fulcrum BioEnergy	美国	城镇固体废弃物	纤维素乙醇
Gevo	美国	玉米	生物异丁醇
Green Star Products,Inc.	美国，南非	藻	生物柴油
Gulf Coast Energy, Inc.	美国	木屑	乙醇
HR Biopetroleum	美国	藻	生物柴油
IMECAL	西班牙	柠檬废弃物(果皮，种子和浆)	生物乙醇
Inbicon (subsidiary of DONG Energy)	丹麦	小麦秸秆，木质颗粒	乙醇
Iogen	美国，加拿大	小麦秸秆，大麦秸秆，玉米秆，草，水稻秸秆	纤维素乙醇
Joule Biotechnologies	美国	藻	柴油
Karlsruhe Institute of Technology (KIT)	德国	秸秆	合成气
KL Energy Corporation	美国	木，甘蔗渣	纤维素乙醇
LanzTech New Zealand Ltd.	新西兰，美国	工业废气	乙醇
Lignol Energy Corporation	加拿大，美国	木和农业残渣	乙醇, 木质素
LS9	美国	甘蔗糖浆，木屑，农业残渣，和高粱	生物汽油, 生物柴油
Mascoma	美国	木屑，草，农业残渣	乙醇, 木质素
M&G (Gruppo Mossi & Ghisolfi) / Chemtex	意大利	玉米秆，秸秆，果壳，木质生物质	纤维素乙醇
M-real Hallein AG	奥地利	云杉木浆的亚硫酸盐废液	纤维素乙醇
Neste Oil Corporation	芬兰，荷兰，新加坡	棕榈油，油菜子和动物脂肪	生物柴油
NSE Biofuels Oy	芬兰	森林残渣	费-托 燃料
Pacific Ethanol	美国	小麦秸秆，玉米秆，白杨木残渣	乙醇, 生物气, 木质素
PetroAlgae	佛罗里达，美国	藻	生物原油
Petrosun	美国	藻	油, 乙醇
POET	美国	玉米棒	纤维素乙醇
Procethol 2G Consortium	法国	多种生物质资源	纤维素乙醇
Qteros, Inc.	美国	城镇废弃物	纤维素乙醇
Queensland University of Technology	澳大利亚	甘蔗渣	纤维素乙醇
Range Fuels	美国	佐治亚松，硬木等	纤维素乙醇,甲醇

续表

企业	所在地	原料/可能的原料	产品/未来产品
Sapphire Energy	美国	藻	生物原油
SEKAB Industrial Development AB	瑞典	木屑和甘蔗渣	纤维素乙醇
SGC Energia	葡萄牙，奥地利和美国	藻	
Syngenta Centre for Sugarcane BiofuelsDevelopment	澳大利亚	甘蔗渣	纤维素乙醇
Synthetic Genomics,Inc.	美国	藻，糖	生物原油, 生物汽油,航空燃料
Solazyme	美国	藻	生物柴油, 生物汽油,航空燃料
Solix Biofuels	美国	藻	生物原油
Southern Research Institute	美国	北加州松	油， 木质素，发酵糖
SunDrop Fuels	美国	水稻秸秆，小麦秸秆，细叶芒，高粱，草，木	汽油, 柴油,航空燃料
SynGest, Inc.	美国	玉米秆	生物氨
Technical University of Denmark (DTU)	丹麦	小麦秸秆，玉米纤维	乙醇, 生物气, 木质素
Tembec Chemical Group	加拿大	酿酒原料的废液（浆副产品)	纤维素乙醇
Terrabon, Inc.	美国	城镇固体废弃物，污水污泥，肥料，农业残渣	乙醇, 混合醇,多种化学品
TetraVitae Bioscience	美国	纤维素原料	生物丁醇
TMO Renewables, Ltd.	英国	原先用玉米，后来用多种纤维素原料	纤维素乙醇
TransAlgae, Ltd.	美国，以色列	藻	鱼粉, 油
United States Envirofuels, LLC	美国	甜高粱，甘蔗	纤维素乙醇
Verenium Corporation	美国	2010年其纤维素生物生物燃料业务被英国石油公司（BP）购买，但继续供应酶产品	酶
Verdezyne, Inc.	美国	草，大麻，玉米秆，木	纤维素乙醇
Vienna University of Technology	奥地利	气化炉合成气	费-托 燃料
Virent Energy Systems	美国	糖和淀粉	汽油, 航空燃料, 柴油
Weyland AS	挪威	松木，锯屑，水稻秸秆，玉米棒和渣	纤维素乙醇
Xethanol Corporation	佛罗里达，美国	柑橘果皮	纤维素乙醇
ZeaChem Inc.	美国	树林，甘蔗	纤维素乙醇,多种化学品

1. 燃料乙醇

以燃料乙醇为主的生物燃料作为一种洁净和可再生的交通燃料，是目前最可行、使用量最大的生物运输燃料之一，更是减少化石燃油消耗和温室气体排放最有效的方法之一。随着石化能源的日渐枯竭，纤维素燃料乙醇的研发已成为一个全球战略制高点和必争点。同时，燃料乙醇项目也成为当前工业生物技术研究的热点之一。世界燃料乙醇生产原料可分为，糖料作物类：甘蔗、甜菜、甜高粱（及其副产品糖蜜等）；淀粉作物类：玉米、麦类（小麦、大麦、黑麦等）、稻米、高粱、薯类（甘薯、木薯、马铃薯）和木质纤维类（植物秸秆等）三大类。目前生物燃料乙醇生产大约60%来自于糖料作物（主要是甘蔗，其次是甜菜和甜高粱），约40%来自于淀粉质作物（主要是粮食作物玉米，其次是小麦，还有木薯等）。巴西几乎全部使用甘蔗，近几年又增加木薯作原料；美国90%以上用玉米，近几年增加了甜菜和甜高粱比例；欧盟以甜菜和谷物为主生产燃料乙醇，法国70%用糖甜菜，德国、西班牙、瑞典用小麦、大麦、黑麦、甜菜；加拿大用玉米、小麦、大麦；泰国用玉米、甘蔗、稻谷；澳大利亚用玉米、甘蔗、甜高粱；印度主要以甘蔗的副产品糖蜜为原料，近几年致力于开发甜高粱作原料。以甘蔗做原料的国家还有秘鲁、哥伦比亚、中美洲国家、津巴布韦等。日本则以农、林废弃物等未利用资源直接发酵生产燃料乙醇。中国以玉米、小麦为主，2007年后重点转向以非粮作物，以木薯、甘薯、甜高粱、甜菜、甘蔗等为原料。

2. 生物柴油

生物柴油作为一项新型能源研究，已经越来越受到世界各国的重视，本世纪以来其产量快速增长，但是其开发进程受到原料限制。长期来看，原料和技术能力是构成各国（地区）生物柴油开发进度的两个主导因素（表3-12），且两者之间的交叉特征明显。依据这些因素，各国（地区）在生物柴油的基础研究、应用研究、市场开发上构成了不同的类型：（1）相对成熟型：美国在生物柴油的基础研究方面，拥有核心的研发机构，如美国拥有美国农业部农业研究局（USDA ARS）；在技术应用方面，他们拥有核心的技术推广机构，美国具有孟山都、先锋国际良种；在市场开发方面，他们的原料充足，产量高，占据世界生物柴油的主要市场份额。（2）市场成熟型：与美国相比，欧洲的市场相对成熟，但在原料上主要依赖进口，且在技术能力上与美国有一定差距。（3）技术储备型：中国、日本、韩国在基础研究和技术应用方面，拥有核心的研发机构，技术比较成熟，但原料限制使其产量较低，市场份额小。（4）技术依赖型：巴西、阿根廷、马来西亚、印度等，他们市

场开发上具有一定的市场份额，但在基础上和应用研究上与欧美、中国相比有差距较大，技术依赖性强。

表3-12 当前全球生物柴油的主要原料

国家/地区	主要原料
美国	大豆
欧洲/欧盟	油菜子，向日葵
加拿大西部	芥花油
非洲	麻风树属
印度	麻风树属、棉籽
马来西亚/印度尼西亚	棕榈
菲律宾	椰子
巴西	大豆、蓖麻油、其他植物油
中国	废食用油
日本	餐饮废油、农林废弃物
韩国	米糠、回收食物油
西班牙	亚麻油
希腊	棉籽

数据来源：Moser BR，2009

总的来看，无论是哪一类型的国家（地区），降低开发成本都是生物柴油发展的必然要求，更以高效的生物柴油原料开发为必然，其中更低成本的原料是发展生物柴油的基础（图3-8），故微藻生物柴油的开发日益受到重视。

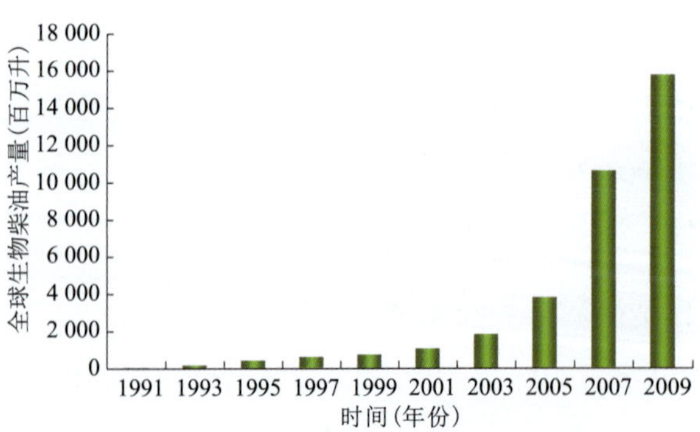

图3-8 全球生物柴油产量快速增长

3. 生物丁醇

从需求的角度看，作为生物加工的醇类燃料，生物丁醇比乙醇具有如下优势：一是丁醇具有类似烃类的结构，水溶性比乙醇小得多，耐水污染且具有低蒸气压特性，并且可在炼油厂调和和用管道运送，因而避免了分销终端调和环节；二是与丁醇燃料添加剂和润滑油配伍性更好；三是丁醇有较高的能量含量，可更方便地与汽油调和，同时可调入更高浓度，无需改造汽车。

此外，丁醇还是重要的溶剂，以及塑料、橡胶等聚合物的原料。随着2007年原油价格攀升至接近每桶100美元，生物质发酵生产丁醇成为替代从石油中获取燃料和化学品原料的重要途径。因此，生物丁醇有较大的市场需求空间。

从成本的角度上看，目前，生物丁醇的生产主要受到两方面的限制：一是丁醇对菌株的毒性，梭菌对溶剂耐受能力限制了能大幅度提高丁醇产量的菌株获取；二是拓宽发酵法生产丁醇的底物利用范围。西北大学对丙酮丁醇梭杆菌（*Clostridium acetobutylicum*）ATCC824的遗传学改造研究和伊利诺大学对连续流动反应器的研究，分别代表了在突破这两方面技术瓶颈上的进展，特别是在拓宽底物利用范围上取得了较大进展。这些研究的逐步突破，将意味着生物丁醇的生产成本具有降低到足够低水平的

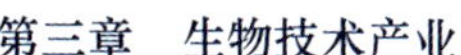

潜力，从而使生物丁醇产业发展取得突破（Stephanopoulos G，2007）。

因此，作为可再生生物燃料，生物丁醇的发展也受到了跨国企业的重视，其中最具代表性的是欧洲最大的石油公司——英国石油公司（BP）与大型化工公司——杜邦公司联手开发、生产和销售新一代生物燃料丁醇。英国计划利用英格兰东部的甜菜生产生物丁醇，并将其与传统汽油混合，用作车辆驱动燃料，以减少对环境的污染。杜邦公司则着力于开发工程性微生物，以便使甜菜转化为生物丁醇，提高原料加工成燃料的转化率以及发酵设施能达到的丁醇产率和浓度。

4. 国内发展态势

我国的生物质能技术研发工作起步较晚，且初期发展缓慢。2002年以来，随着各种能源政策的出台以及相关法规的完善，我国的生物能源技术进入了快速发展阶段。特别是"十一五"期间，科技部、国家发改委、中科院、农业部等通过设立专项、开展示范等方式，支持生物能源的开发与产业化发展；生物质资源丰富的地方政府，也将生物能源作为地方经济发展的重点，我国生物能源技术专利申请量也因此大幅增加。目前，我国在沼气工程、生物质发电等领域技术比较成熟、产业化颇具规模，最为典型的是沼气的生产和利用，我国已掌握关键技术并达到较高水平。在其他领域，就目前而言，以非粮作物为原料生产燃料乙醇尚处于技术试验阶段，要实现大规模生产，还需要在生产工艺和产业组织等方面做大量工作；以藻类生物为原料生产生物柴油的技术尚处于研究试验阶段，还需要经过工业性试验后才能开始大规模生产。

总的来看，目前我国生物燃料应用较少，由于起步较晚，尚处初步研究发展阶段，总体上市场规模较小。尽管中粮集团、中石化以及诺维信合资建设以玉米秸秆为原料的万吨规模纤维素乙醇示范工厂、松原来禾化学有限公司的30万吨/年秸秆炼制生产线等进入投资阶段，但我国的生物质资源人均拥有量仍然十分有限，且资源分散。在现有的成本条件下，大规模的市场应用仍然有一定的难度。再加上在生物燃料发展政策、产业规划方面的不足，我国与生物质能技术发达国家还有不小的差距，我国生物质能市场仍然有待进一步发育。

（二）生物基化学品

生物技术可以用来生产大量的大宗化学品和专用化学品，包括各种酶、溶剂、氨基酸、有机酸、维生素、抗生素以及高分子聚合物等。大宗化学品（包括一些有机酸）的全球年产量高过300万吨，但价格和利润率低，而专用和精细化学品的产量低，但价格和利润率高，常常用于药品中。在许多情况

下，这些生物技术过程与其他的生产方法如化学合成法形成竞争；在化工生产中，生物技术过程可以取代一个或更多的化学步骤。它们比传统的化学合成有几个方面的优势，包括涵盖更特异的反应、较低的生产条件要求（如较低的温度和压力、更温和的pH条件）以及较低的能源投入、浪费和环境影响。尽管有这些优点，在化工生产中对生物技术的利用还是有限，这一方面是因为酶或生物反应器的成本较高，另一方面是因为建造或改进生物技术生产设施也需要较大的投入。

为了扩大生物基化学品所占份额，目前最常用的方式是利用生物技术生产化合物中间体，然后再合成最终产物。目前，生物技术可用于生产一系列具有生产前景的基础化合物，其中的一些化合物则可以用于生产高分子材料（表3-13）。

表3-13　生物技术有可能生产的基础化合物列表

酸类与醇类						氨基酸类	
	化合物名称	生产工艺		化合物名称	生产工艺	化合物名称	生产工艺
C2	乙醇	F	C5	衣康酸	F	*L*-丙氨酸	F
	乙酸	C		谷氨酸	F	*L*-谷氨酸盐	F
	水合乙醛酸	C				*L*-组氨酸	F
	草酸	C				*L*-羟脯氨酸	E
C3	乳酸	F	C6	柠檬酸	F	*L*-异亮氨酸	F
	3-羟基丙酸	C/F		阿康酸	F	*L*-亮氨酸	F
	丙三醇	C/E		顺,顺-粘康酸	F	*L*-脯氨酸	E
	1,2-丙二醇	C/F		葡糖酸	C/F	*L*-丝氨酸	F
	1,3-丙二醇	C/F		曲酸	F	*L*-缬氨酸	F
	丙酸	C		己二酸	C	*L*-精氨酸	F
	丙酮	C				*L*-色氨酸	F
C4	富马酸	F				*L*-天冬氨酸盐	F
	琥珀酸	C/F				*L*-苯丙氨酸	F
	苹果酸	C/E				*L*-苏氨酸	F
	丁酸	C/F					
	1-丁醇	C				*L*-赖氨酸	F
	2,3-丁二醇	C/F					
	1,4-丁二醇	C					
	乙偶姻	C/F					
	天冬氨酸	F					
	1,2,4-丁三醇	C					

注：F、E、C依次代表主要生产工艺为发酵、酶类和化学生产流程

在上述的产品中，有机酸是一个较大的类别。柠檬酸（citric acid）又名枸橼酸，学名为3-羟基-3-羧基戊二酸，是生物体内的主要代谢产物之一，因其具有令人愉悦的酸味，入口爽快，无后酸味，安全无毒，已成为世界上生产量和消费量最大的食用有机酸。目前，柠檬酸全世界年产能达160万吨以上，亚洲产量约90万吨，欧洲30万吨左右，北美30万吨左右，南美10万吨左右，非洲1万吨左右。衣康酸又名亚甲基丁二酸，广泛用于涂料乳化剂、合成树脂、表面粘结剂、润滑油添加剂和医药产品的生产中。衣康酸的年总需求量约为10万吨，在工业上主要用发酵法来制备，原料主要有葡萄糖、蔗糖以及淀粉水解糖、糖蜜，生产菌种主要有衣康酸曲和土曲霉（*Asp. terrus*），主要生产厂家有美国辉瑞制药和日本磐田株式会社。葡萄糖酸被广泛应用于食品、医药行业和水处理行业，全世界葡萄糖酸的年产量约为6万吨，目前工业多用发酵法来生产，菌种主要使用青霉（*Penicillium*）或曲霉（*Aspergillus*），采用现代通气搅拌深层发酵技术进行生产。苹果酸又名羟基丁二酸，在医药、食品及工业等方面都有广泛用途，世界年产量在10万吨以上，在工业上*L*-苹果酸可以用发酵法（主要是使用酵母菌对糖类进行发酵），也可以通过固定酶法（采用富马酸为原料）来生产（表3-14）。

表3-14　我国主要发酵产品和国外的比较

产品	国内水平	国外水平
味精	产酸8%~10%，转化率40%~42%	产酸12%~15%，转化率60%~65%
赖氨酸	产酸8%~10%，转化率40%~42%	产酸15%~16%，转化率45%~50%
丙酮酸	发酵和酶法产品浓度3%~5%	7%
谷胱甘肽	800~1000 mg/L	2000 mg/L
柠檬酸	产酸14%~16%	产酸25%
L-乳酸	产酸12%~14%，	产酸20%
高温淀粉酶	5000~6000 U/ml	15000 U/ml
糖化酶	50000 U/ml	90000 U/ml
碱性蛋白酶	20000~25000 U/ml	40000~50000U/ml
青霉素G	60000 U/ml	100000 U/ml
头孢菌素	15000~20000 U/ml	30000~35000 U/ml
维生素C	糖酸转化率 94%	糖酸转化率97%
维生素B_2	细菌发酵7 g/L	细菌12~15 g/L
透明质酸	发酵水平4~6 g/L	6~10 g/L
1,3-丙二醇	以甘油为原料发酵水平70~80 g/L	以葡萄糖为原料基因工程菌 130~140 g/L

目前，氨基酸工业发展较快的国家有日本、美国和中国，近几年，西欧、德国和亚洲一些国家也加快了发展，如印度尼西亚、韩国的谷氨酸钠和赖氨酸也大量出口。据统计，氨基酸及其衍生物的种类已由20世纪60年代的50种左右发展到现在的1000余种。目前世界氨基酸产量达600多万吨，销售额超过200亿美元。国际上氨基酸生产综合性厂家主要有日本味之素、协和发酵、美国ADM、韩国的希杰公司以及德国Degussa等公司，日本在氨基酸产量、品种和技术水平上均居世界领先地位。目前，我国已能工业化生产的氨基酸品种有谷氨酸、赖氨酸、蛋氨酸、苏氨酸、异亮氨酸、亮氨酸、缬氨酸、脯氨酸、天冬氨酸、胱氨酸、精氨酸、苯丙氨酸等。总产量超过300万吨，大宗氨基酸产品谷氨酸及其盐年产已达216万吨，总产值占我国食品发酵工业总产值的四分之一以上，其产量占世界总产量的82.86%以上，居世界第一；赖氨酸及其盐年产70多万吨，其产量占世界总产量的50%。其他高附加值的氨基酸，如苏氨酸、苯丙氨酸、脯氨酸、异亮氨酸、缬氨酸等市场需求量增加，同时受到国家产业政策的支持，产能及产量均有所提升。在氨基酸产品中，谷氨酸是世界上产量最大的氨基酸，是合成多种化工产品的重要原料。目前谷氨酸都采用生物发酵法生产。国外主要的谷氨酸生产企业有日本味之素，美国ADM，德国德固赛、巴斯夫等。我国自20世纪20年代起开始生产谷氨酸，产量居世界第一，主要生产企业有：山东阜丰、河北梅花味精、河南莲花集团等。赖氨酸有第一限制性氨基酸之称，主要用于动物饲料，药物和食品产品的原料。直接发酵法是目前广泛采用的赖氨酸生产法，主要微生物有谷氨酸棒状杆菌、黄色短杆菌、乳糖发酵短杆菌的突变株等3种。主要赖氨酸生产企业有日本味之素，美国ADM，德国德固赛、巴斯夫，我国的大成化工、川化味之素等。

为使生物技术更具有成本竞争力，相关的研究正在进行，采取的方式包括：改进生产方法，如过程强化和产物原位回收；使用转基因和代谢工程来增加微生物的产出效率；利用相对廉价的底物为原料进行生物转化等。此外，发酵过程的开发研究也在进行中，这种过程可以在pH有利的条件下有效地生产产品。例如，低pH条件下生产有机酸可以降低对中和剂的需求，并且降低对下游加工的需要，原因是没有副产品盐的产出。发酵系统允许在一个生物反应器内存在一种以上微生物菌株，这可以显著降低生产成本。受到石油价格上涨、政策支持以及技术进步等因素的驱动，生物燃料的应用范围将日益扩大，同时也更环保、成本更低廉。酶类、精细化学品和生物基高分子材料都将

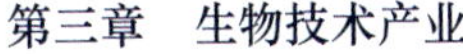

得到长足发展。随着生物基化学品中间体合成技术的进步，利用糖类转化得到的基础化学品有望逐渐取代石油化工产品（图3-9）。

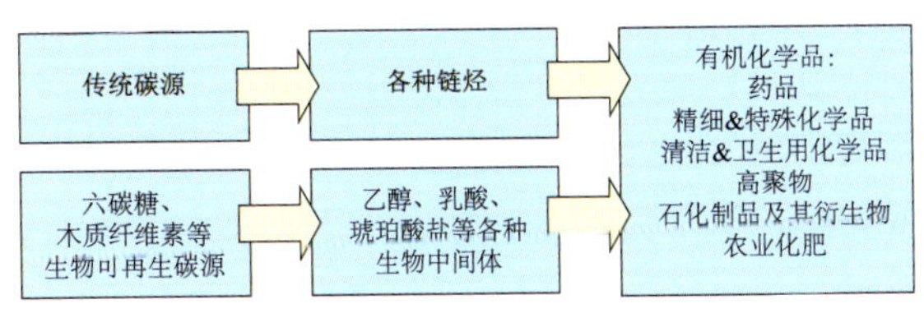

图3-9　生物中间体取代石油化工产品示意图

（三）生物材料

欧美等世界科技强国大力推广生物高分子聚合、生物基材料单体与原料的生物合成新技术，发展生物基塑料、生化纤维、生物橡胶等新材料，以及以可再生生物资源为原料的平台化合物及衍生材料，减少材料工业对石化资源的依赖。各国政府首先在国家层次上开展系列的科技计划引导生物质材料领域的发展。早在1998年，美国政府就提出了《2020年植物/农作物为基础的可再生资源－通过可再生植物/农作物资源利用加强美国经济安全性的设想》，计划到2020年将生物基能源和生物基产品较2000年增加20倍，生物基材料中至少有10%来自植物衍生的可再生资源，2050年要提高到50%。欧盟、日本、印度也有类似的长远规划。2001年2月1日出版的《今日美国》的一篇文章指出，“石油资源之王的地位也许不久就会遭到废黜，农作物有可能逐渐取代石油成为获得从燃料到塑料的所有物质的来源，‘黑金’也许会被‘绿金’所取代”。世界正孕育着一场用生物可再生资源替代化石资源的资源战略大转移。一个全球性的产业革命正朝着从碳氢化合物到碳水化合物的重要战略转变，这是可持续发展的一个全球趋势。我国主要采取重点突破的策略发展生物材料产业，有重点地选择突破方向，形成创新技术；同时参与技术研究的国际合作，实现技术优势互补，提高产品的竞争力。以企业为主体，加快科技成果的转化，把科技创新优势、产品技术优势、市场营销优势、经营管理优势和企业的社会资源充分整合起来。加强政府的政策引导和扶植，加大对基础研究的投入力度，引导生物技术研究的发展。

世界各大公司相继调整发展战略开展可再生资源的研究。德国BASF公司2003年开始以可再生的生物质资源作为化学品生产的主要原料；杜邦公司剥离石油资产，购买了生物技术公司和组织农业综合企业，并投资近1亿美元巨资开发生物质资源生成生物基化工产品，目前用玉米生产1,3-丙二醇（PDO）的成本比化学法降低了25%；美国的森林工业已开始与电力、石油、化工公司合作，利用林木废弃物生产能源及化工产品，卡杰尔-道氏公司用玉米淀粉发酵生产了聚乳酸（PLA）和其他多种聚合物塑料。

根据日本生物塑料研究会的资料，2002年，日本生物塑料的生产量约1万吨，2010年将达到10万吨，丰田公司已用白薯淀粉基塑料制成了汽车配件，富士通公司用玉米淀粉基塑料替代了计算机的塑料外壳。

除了传统的生物基材料如木材和棉花，生物基化学品可用于制作包装和容器、面料和耐用消费品（如家电外壳和汽车零件）。目前，生物基生产正在普遍研究四大类聚合物，它们按技术先进性从高到低依次为：多糖、聚氨酯、聚酯和聚酰胺（尼龙）。它们在单体的类型和化学键的类型方面有差异。由于它们的物理、化学、机械和热性能各不相同，因此它们的功能性和实用性也不同。

虽然存在着一些特殊的应用，但是迄今最重要的生物材料是由生物聚合物制造而成的生物塑料。生物基塑料与合成塑料材料相比，具有良好的生物相容性、生物可再生性、生物可降解性且降解产物无毒副作用等优点。生物基塑料可以分为微生物类、天然物类和化学合成类三种类型。微生物类生物基塑料主要利用细菌、霉菌和藻类等微生物在代谢过程中体内积聚的聚酯类物质，生产的如聚-3-羟基丁酸酯（PHB）、聚羟基丁酸戊酸共聚酯（PHBV）、微生物多糖等；天然物类生物基塑料主要包括壳聚糖/纤维素、淀粉、醋酸纤维素、热塑性淀粉等；化学合成类生物基塑料由于利用化学生物法合成，因此组成和分子量都可以自由设计，产品种类众多，如硬质类如聚乳酸（PLA），软质类如聚己内酯（PCL）、聚丁二酸丁二醇酯(PBS)、聚（丁二醇丁二酸/己二酸酯）（PBSA）、聚（对苯二甲酸丁二醇酯-己二酸丁二醇脂）（PBAT）、聚乙烯醇（PVA）。2010年，全球的生物塑料产能大约为70万吨，而到2015年，这一数字将增长到170万吨。与此同时，2011年上半年全球生物塑料产能已突破90万吨，因此2011年极有可能达到100万吨以上。

目前，国内外已有不少淀粉基塑料产品生产，意大利Novamont公司生产的Mater-Bi塑料、美国Warn-er-Lambert公司生产的Novon系列产品和德国Biotec公司生产的Bioplast塑料，已成为目前国际上最受瞩目的三种淀粉基生物降解塑料。国内淀粉基生物降解塑料主要生产单位有天津丹海、武汉华丽、南京比澳格、广东上九、河北昭和、浙江华发、福建百事达、成都新柯力等公司，淀粉与聚丙烯（PP）、聚苯乙烯（PS）、聚乙烯（PE）、聚乙烯醇（PVA）、PCL、PLA等聚合物共混粒料已批量生产，其中几个大型企业均达到年产万吨的生产规模，总产量占到我国生物降解塑料产量的60%以上，并出口日本、韩国、马来西亚、澳大利亚、美国和欧盟等国家。

在生物塑料中，聚乳酸是目前产量最

大、应用最多的塑料，目前世界聚乳酸生产能力约20万～25万吨/年。PLA聚合所需的乳酸单体主要由微生物发酵获得，利用可再生的植物资源（如玉米等）所提出的淀粉为原料，经过发酵生成乳酸，一个葡萄糖分子能通过糖酵解生成两分子乳酸，理论转化率为100%。乳酸单体通过化学合成的方法形成聚乳酸，其技术主要有乳酸直接缩聚的一步法和先将乳酸脱水成丙交酯、再开环聚合的二步法。美国NatureWorks公司已建成年产能14万吨的聚乳酸生产装置，约占世界总产能的40%，分别用于注塑、纺丝、制膜、发泡等用途，所利用的原料主要是玉米淀粉。帝人公司与美国NatureWorks公司合资于2009年在亚洲建立万吨级的PLA生产线。此外，巴斯夫正在新建一条6万吨/年的工厂，2010年产能达7.15万吨。荷兰普拉克公司也准备在亚洲泰国建立万吨级的生产线。在国内，浙江海正生物材料股份有限公司采用中科院长春应用化学研究所技术建成的5000吨/年聚乳酸生产线，于2007年7月投产，是目前国内唯一实现了规模化和商业化的PLA项目，在开环聚合制备聚乳酸方面拥有自主知识产权。另外，在建的还有上海同杰良生物材料有限公司和江苏九鼎集团的千吨级等生产线（表3-15）。

表3-15 世界几个主要国家生物降解塑料的生产概况

种类		生产公司	商品名称	生产能力/$t.a^{-1}$
淀粉基塑料	国外	美国Warner-Lambert公司	Novon塑料	45 000
		意大利Novonmont	Mater-Bi塑料	20 000
		德国Biotec	Bioplast塑料	12 000
	国内	武汉华丽	PSM	20 000
		广东上九		10 000
		天津丹海股份有限公司	生态利	30 000
		南京比澳格		3 000
		浙江华发		10 000
		成都新柯力	新柯力	3 000
PLA	国外	美国Nature Works	Nature Works	8 000~140 000
		日本三井化学	LACEA	500
		日本岛津制作所		300
	国内	浙江海正生物材料股份有限公司		5 000
		上海同杰良生物材料有限公司		
		江苏九鼎集团		待建
PBS	国外	日本昭和高分子公司		
		美国Eastman Chemical		
	国内	杭州鑫富药业有限公司		3 000
		安徽安庆和兴化工公司		10 000

此外，聚羟基脂肪酸酯（PHA）具有优良的热加工性能、生物相容性能和生物可降解性能，可用于制作食品袋、包装盒、农用薄膜以及组织工程材料等。工业上用于发酵生产PHA的菌株主要有大肠杆菌、罗氏真养菌*Ralstonia eutropha*、嗜水气单胞菌*Aeromonas hydrophilia*和恶臭假单胞菌*Pseudomonas putida*等。PHA的生产也可以使用转基因植物来实现，如马铃薯和牧草。宁波天安生物材料公司从2002年开始生产PHBV，是目前世界上最大的PHBV供应商，正在进行年产1万吨PHBV的高技术产业化示范工程建设。2008年，帝斯曼集团宣布投资参股天津国韵生物科技有限公司，在天津泰达开发区建设万吨规模的3-羟基丁酸和4-羟基丁酸共聚酯（P3HB4HB）生产基地，产品主要应用于高强度纤维、热敏胶、水乳胶、组织工程材料等高附加值领域，也可作为一次性材料应用于食品及日用包装行业。目前，清华大学与山东鲁抗集团也在合作开发微生物生产聚羟基丁酸己酸共聚酯（PHBHHx）的新技术，以期实现在中试基础上的扩大再生产，并大大降低材料的生产成本。

聚丁二酸丁二酯（PBS）由于具有与传统塑料相近的性质，同时成本低廉，机械强度高，韧性好，热变形温度高，因此是目前世界公认的综合性能最好的生物降解塑料，PBS的单体原料丁二酸与1,4-丁二醇可由生物发酵途径生产。据保守估计，2012年后中国市场需求量可达50万吨/年，2017年后需求量可达75万吨/年。目前，全球能够产业化并且已经市场化生产PBS的国家主要是美国、日本和中国。日本昭和高分子公司和美国Eastman公司建有规模分别为6000吨/年和15000吨/年的生产装置。我国PBS产业化进程处于世界领先水平，2007年4月，杭州鑫富药业公司采用中科院理化技术研究所工程塑料国家工程研究中心自主研发的PBS生产技术，建成2万吨/年的PBS生产线，清华大学在安庆和兴化工有限公司建成了年产1万吨PBS的生产装置，广州金发科技股份有限公司年产300吨聚丁二酸丁二醇/己二酸丁二醇酯（PBSA），目前正在建设年产5000吨PBSA的生产线，其中膜级PBSA 3000吨/年，共混改性级PBSA树脂2000吨/年。此外海尔工程塑料中心、上海申花集团、福建恒安集团等企业也生产PBS制品。

（四）酶制剂工业

酶是一种蛋白质，它们可以反复催化生化反应，而不会被这些反应所破坏。除了被用来生产化学品，酶还有许多其他工业用途，可以用于食品、饲料、洗涤剂、纺织、生物燃料、以及纸浆和纸张生产。通常利用酶代替化学品，这对于减少工业过程的环境

负荷有重大影响。例如，当生产过程在较低的温度条件下进行时，由于能源消耗较低，二氧化碳排放量往往会减少。目前市场上有许多用于以上这些领域的不同的酶，其中许多酶是采用现代生物技术生产的，当前研究的目的在于扩大有用酶的范围。生物技术通过利用包括基因操作、蛋白质工程、定向进化在内的一系列技术以及先进的选择技术，可以创造出新的酶。在这一背景下，酶制剂工业的发展一直保持良好的增长势头。诺维信公司（Novozymes）的年报显示，2010年的全球酶制剂的市场约为35.7亿美元，2001—2010年的复合增长率约为7.9%（图3-10）。

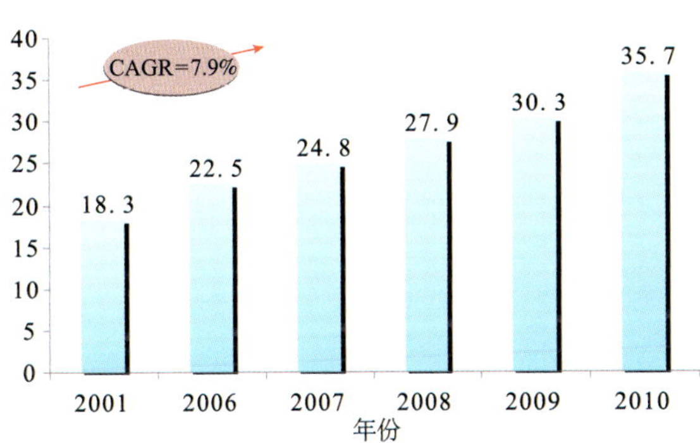

图3-10　2001—2010年全球酶制剂市场规模情况（单位：亿美元）

数据来源：Novozymes 2010年报等

目前，工业酶的应用主要包括食品和饮料两大领域，包括奶酪、面包和发酵饮料；它们减少了原材料的投入，取代了传统的化学品，并且降低了生产过程中的能源消耗。许多酶是采用基因工程微生物来生产的，这样可以提高生产效率——酶本身并不一定发生变化。标记辅助选择和高通量筛选被用来选择能够产生独特酶或优化酶生产的微生物。酶还可以添加到动物饲料中，以提高许多饲料的可消化性和营养性。举例来说，在猪和家禽饲料中，以植酸磷的形式存在的磷占总磷的比例在50%到80%之间，植酸酶可以添加到动物饲料中去分解植酸。这样，通过释放磷酸盐，就增加了饲料的营养价值，并且通过改善动物对磷的摄取，减少了释放到环境中的磷，从而也降低了水体污染。与传统方法相比，在洗涤剂、纺织品、纸浆和纸张的生产中使用酶有许多优势，如产品性能更好；由于对温度的要求降低，效率有所提高，从而减少了能源和水的消耗；通过减少有害的副产品并改进产品的质量，降低了对环境的影响。自20世纪30年代初，酶就被加入到洗涤剂中以改善低温条件下的洗衣质量。另外，酶也迅速被纺织工业采用，它们可用来提供想要的纺织效果，消除棉料里的淀粉和杂质如蜡。酶在纸浆和造纸工业中的应用始于二十年前左右，但却迅速被采纳。业界使用酶对淀粉进行改性以用于涂布纸的生产，以及使用酶分解木质素，以减少漂白化学品的消耗。其他广泛的应用还包括，用酶来减少树脂（树脂会在纸上留下洞，且会在生产过程中对机器造成干扰），以及用酶消除黏性残留物和改善脱墨过程从而促进循环利用。

从酶的类别来看，包括淀粉酶、纤维素酶、蛋白酶、脂肪酶、果胶酶、乳糖酶等在内的水解酶类仍然是市场的绝对主导。随着在洗涤剂和化妆品市场的应用逐渐增加，脂肪酶成为增长最为迅速的一类工业用酶。非水解酶主要是分析试剂用酶和医药工业用酶，虽然目前市场份额不高，但逐年的增长非常迅速。

从地域上看，酶制剂工业主要集中在欧洲和美国。欧洲一直是酶制剂工业最大的市场，也是最大的酶类研发与生产基地，拥有全球约三分之二的酶类相关公司。其中，丹麦出产的酶产品占全球总量的一半左右。美国由于燃料乙醇、医药、造纸、动物饲料等工业的快速发展，成为市场份额增长最快的地区。与此同时，国际酶制剂生产厂家把它们的销售业务重心从欧美地区逐步向亚太地区转移。

从企业来看，酶制剂的公司也非常集中，而且随着国际酶制剂市场竞争日趋激烈，国际上一些大型酶制剂生产厂家，为了扩大生存空间和寻找持续发展，不断进行兼并、重组，使得酶制剂公司在数量上日益减少，集中度逐步提高。目前世界范围内主要的几个酶制剂公司包括丹麦诺维信公司、美国杜邦（收购了丹麦丹尼斯克公司）、荷兰帝斯曼公司、日本的天野制药和长濑产业、德国AB酶制剂公司、德国BASF公司、比利时的Beldem公司等。前三家企业形成高度垄断态势。其中，诺维信公司占据全球市场的47%，而诺维信、杜邦、帝斯曼、天野制药和长濑产业四家公司的市场占有率约为80%。

我国的工业酶制剂产业起步较晚，但在近年来得到了快速发展，酶制剂年产量从2005年的48万（标）吨，增长到2010年的77.5万（标）吨，5年的复合增长率达到10.1%。随着中国酶制剂产品质量的提高，生产能力不断扩大，出口企业不断增加，形成了山东隆大、武汉新华杨、湖南鸿鹰祥、湖南尤特尔、青岛康地恩等较大的酶制剂企业，以及出口数量较多的外资企业（天津诺维信公司和无锡杰能科公司）。目前，国内酶制剂企业所生产的酶制剂主要品种为：糖化酶、淀粉酶、纤维素酶、蛋白酶、植酸酶、半纤维素酶、果胶酶、饲用复合酶、啤酒复合酶等九大酶系列，其中糖化酶、淀粉酶、植酸酶产量过万吨，而出口的品种主要有耐高温α-淀粉酶、中温α-淀粉酶、糖化酶、植酸酶、复合和专用酶制剂等。纤维素酶、半纤维素酶和果胶酶虽然目前所占比例还比较小，但增长较快。但是，总的来看，与国际先进水平相比，我国酶制剂工业还有一倍以上的潜力，带动的相关工业产值将达上千亿元。

四、农业生物技术产业

（一）种子产业

国外种子行业发源于19世纪末期，从最初数量众多的小型企业逐渐发到市场由少数实力雄厚的企业所垄断。国际性的种子企业的业务已覆盖了种子行业科研开发、生产加工和市场销售等完整产业链，完全实现了科研、生产和销售一体化。在全球种子市场，经历过多次并购活动，产生了以杜邦（Du Pont）、孟山都（Monsanto）、先正达（Syngenta）、利马格兰（Limagrain）等为首的大型跨国种子企业，其业务范围遍及全球。跨国种子企业一系列收购、兼并活动的展开，正推动全球种业整合与重组不断向纵深发展，国际种子市场正在被杜邦、孟山都、先正达等若干家大型跨国企业所主导。

与之相比，我国几千家种子企业中，没有一家市场份额达到市场总量的5%，前十强的销售额总和不如孟山都（表3-16）。

表3-16 企业销售收入情况（单位：亿元人民币）

年份	孟山都	先正达	丰乐种业	敦煌种业	登海种业	隆平高科	万向德农
2005	516	664	6.90	7.75	4.14	15.71	3.37
2006	585	641	8.34	8.95	2.83	9.48	5.69
2007	651	703	9.59	7.53	3.14	7.12	7.10
2008	789	807	9.41	11.10	4.17	10.81	6.54
2009	801	751	10.46	15.13	5.79	10.55	6.65

数据来源：靖飞等，2011

从策略上看，20世纪90年代以来，跨国公司投入科研的经费迅速增长，品种选育走向商业化和专利化。庞大的育种规模提高了投资效率，保证企业源源不断地更新其技术和产品，增强市场竞争力（表3-17）。与之相比，我国种子企业普遍缺乏自主研发体系，有关科研投入和科研工作方面的信息主要是与科研机构合作的情况。

我国种业公司与跨国种子企业的巨大差距是所在国种业发展历程和目前所处发展阶段不同的必然反映。发达国家种业经过几十年的发展，已经处于从发展阶段走向成熟阶段的重要时期。与之相比，我国2000年开始种业市场化改革，市场化发展仍处于早期阶段。

表3-17 孟山都和先正达种业研发投入规模和强度

年份	孟山都		先正达				
	投入金额（亿美元）	与销售总收入的比例（%）	投入金额（亿美元）	与销售总收入的比例（%）	其中：种子研发投入金额（亿美元）	占全部研发投入比重（%）	与种子销售收入的比例（%）
2005	5.88	9.34	8.22	10.14	2.13	25.91	11.85
2006	7.10	9.67	7.96	9.89	2.32	29.15	13.31
2007	7.80	9.11	8.30	8.98	2.83	34.10	14.02
2008	9.80	8.62	9.69	8.34	3.43	35.40	14.05
2009	10.98	9.37	9.60	8.73	3.68	38.33	14.35

数据来源：靖飞，李成贵. 2011, 2

从种质来看，自1995年以来，跨国种子企业的研发重点转向转基因种子。在雄厚资金支持下，孟山都等公司在生物技术产业化领域已经处于全球领先地位。在其主导下，全球转基因作物种植面积不断增长：1996年转基因作物的种植面积为170 万公顷，而2010 年已达到1.48 亿公顷，增长达87倍（图3-11）。

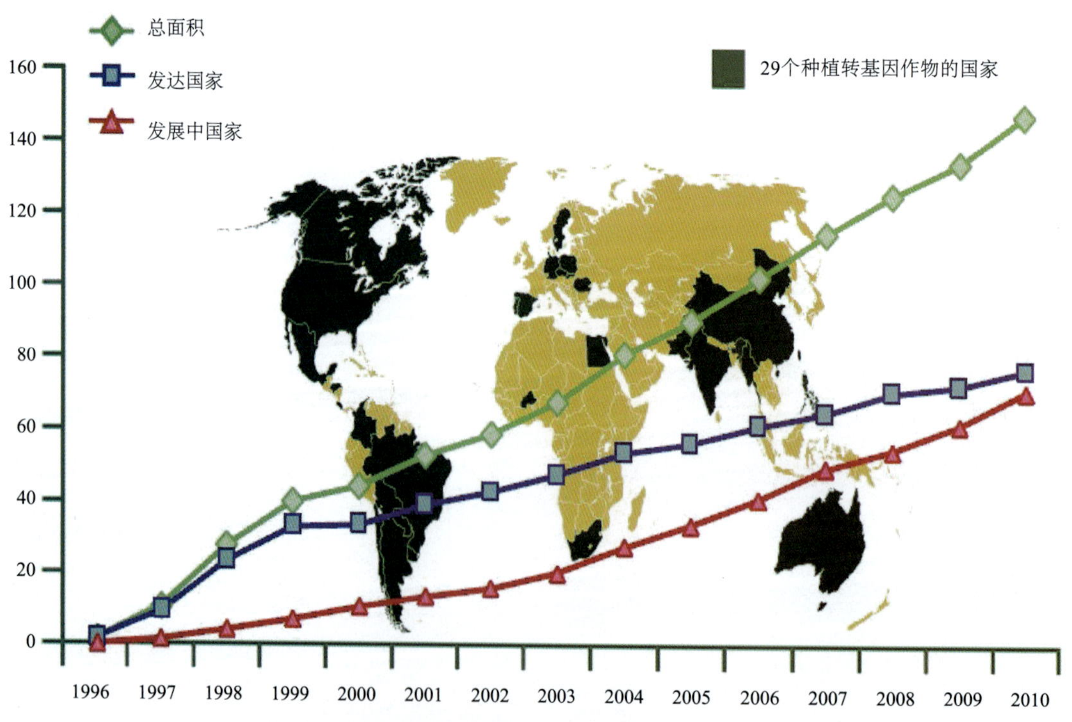

图3-11 全球转基因作物植物面积百万公顷（1996—2010）

资料来源：Clive James,2010

2010年排名前十位的国家各自的种植面积首次均超过了100万公顷，按照面积大小排列分别是：美国（6680万公顷）、巴西（2540万公顷）、阿根廷（2290万公顷）、印度（940万公顷）、加拿大（880万公顷）、中国（350万公顷）、巴拉圭（260万公顷）、巴基斯坦（240万公顷）、南非（220万公顷）和乌拉圭（110万公顷）。转基因作物种植大国（种植面积在5万公顷或以上）的数目从2009年的15个增加到2010年的17个。种植转基因作物的国家数目从2009年的25个增加到2010年的29个。排名前10位的国家种植面积首次均超过了100万公顷（图3-12）。

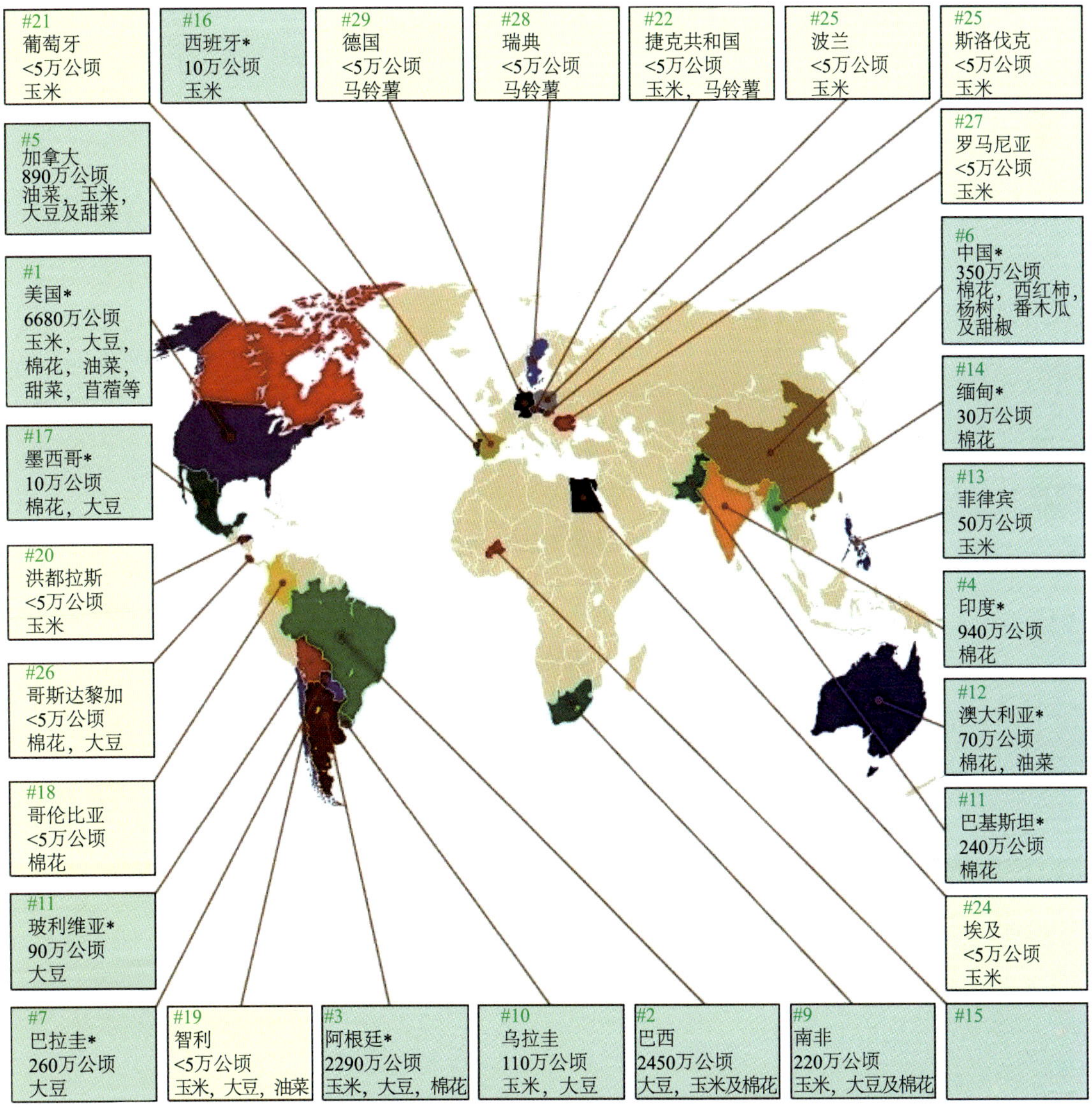

#21 葡萄牙 <5万公顷 玉米

#16 西班牙* 10万公顷 玉米

#29 德国 <5万公顷 马铃薯

#28 瑞典 <5万公顷 马铃薯

#22 捷克共和国 <5万公顷 玉米，马铃薯

#25 波兰 <5万公顷 玉米

#25 斯洛伐克 <5万公顷 玉米

#5 加拿大 890万公顷 油菜，玉米，大豆及甜菜

#27 罗马尼亚 <5万公顷 玉米

#1 美国* 6680万公顷 玉米，大豆，棉花，油菜，甜菜，苜蓿等

#6 中国* 350万公顷 棉花，西红柿，杨树，番木瓜及甜椒

#17 墨西哥* 10万公顷 棉花，大豆

#14 缅甸* 30万公顷 棉花

#13 菲律宾 50万公顷 玉米

#20 洪都拉斯 <5万公顷 玉米

#4 印度* 940万公顷 棉花

#26 哥斯达黎加 <5万公顷 棉花，大豆

#12 澳大利亚* 70万公顷 棉花，油菜

#18 哥伦比亚 <5万公顷 棉花

#11 巴基斯坦* 240万公顷 棉花

#11 玻利维亚* 90万公顷 大豆

#24 埃及 <5万公顷 玉米

#7 巴拉圭* 260万公顷 大豆

#19 智利 <5万公顷 玉米，大豆，油菜

#3 阿根廷* 2290万公顷 玉米，大豆，棉花

#10 乌拉圭 110万公顷 玉米，大豆

#2 巴西 2450万公顷 大豆，玉米及棉花

#9 南非 220万公顷 玉米，大豆及棉花

#15

图3-12 2010年转基因作物种植国家

*17个转基因作物国家的种植面积为5万公顷或更多

资料来源：Clive James, 2010

从种质研究内容上看，目前转基因和非转基因的研究项目都关注以下一个或多个性状：

除草剂耐受性使植物对除草剂具有特异的抗性。这个性状已利用转基因技术和其他育种技术予以开发。

抗虫性提高了植物抵御害虫、病毒、细菌、真菌和线虫的能力。最常见的转基因抗虫技术是利用来自细菌（苏云金芽孢杆菌）的一段基因，以释放一种能杀死某些种类害虫的有机毒素。

提高产量、并对造成减产的胁迫作用（如高温、低温、干旱和盐碱化）具有抗性的农艺性状。

产品质量性状，包括改良风味或色泽，调整淀粉或油脂成分，从而提高产品营养价值或加工品质，生产有用的药品和工业化合物。

技术性状，比如化学标记，虽然在育种工程中必不可少，但对种植者来说，却没有多少经济价值。

（二）畜牧产业

畜牧业是利用动物的生理机能，通过饲养、繁殖以取得肉蛋奶、毛绒皮、丝、蜜等畜产品的社会生产部门，是人类赖以生存和发展的基础产业。从世界各国现代农业发展规律看，在种植业发展到一定阶段之后，大力发展产业关联度更高、比较效益更大的畜牧业，是许多发达国家现代农业发展的成功之道。在发达国家，现代农业的主导产业是畜牧业，畜牧业在农业产业结构中的比重都超过了50%，高的甚至达到70%～80%。发达国家的畜牧业已由传统畜牧业转变为现代畜牧业，形成了从养殖场到餐桌的畜牧业经济体系。

畜禽良种是畜牧业发展的物质基础，是推动畜牧业发展最活跃、最重要的生产要素，对于畜牧业综合生产能力的提高具有关键作用。我国先后从国外引进了大量优良畜禽品种，如大白猪、荷斯坦牛、罗曼蛋鸡和艾维茵肉鸡等，缓解了我国高生产性能畜禽品种短缺的局面，提升了畜禽产品产出能力。并在科学利用引进品种的同时，加强对我国畜禽品种的改良和选育，先后培育出湖北白猪、苏太猪、中国荷斯坦牛、中国西门塔尔牛、夏南牛、中国美利奴羊、南江黄羊、北京白鸡、江村黄鸡、新兴黄鸡、粤禽皇等几十个畜禽新品种（配套系）。选育的一些新品种个体生产能力达到世界先进水平，如，以清远麻鸡等优良地方品种为基本素材培育出的黄羽肉鸡新品种（配套系），既保持了地方黄鸡品种的良好肉质和独特风味，又提高了生产性能，创造了巨大的经济与社会效益。

配套系育种代表了世界畜牧业生产的趋

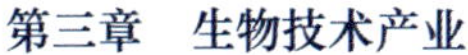

势，由于新种源更新换代的时间相对较短，生产中可操作性强，是合理引进、科学利用，易与国外育种资源和技术结合。近年来，我国在配套系育种方面，在养猪业推广配套系的效果较好，光明猪配套系、深农猪配套系、冀合白猪配套系、中育猪配套系和华农温氏猪1号配套系、滇撒猪配套系、鲁猪I号配套系、渝荣猪配套系等一批高效杂交组合在生产中推广。中国黑白花牛、中国美利奴羊，也是类似的独立品种。

（三）生物农药

生物农药是指直接利用生物产生的生物活性物质或生物活体作为农药，以及人工合成的与天然化合物结构相同的农药。生物农药具有生产原料来源广泛，对非靶标生物安全、毒副作用小、对环境兼容性好等特点，已成为全球农药产业发展的新趋势。特别是近10年来，随着分子生物学技术、基因工程、细胞工程、蛋白质工程、发酵工程、酶工程等高新技术的飞速发展，并逐渐渗入到生物农药生产中，使其展现出良好的应用前景和巨大的社会和经济效益，生物农药的优越特性（节能、环保、保护资源）比以往任何时期都更加受到世界各国政府的重视，成为各国生物技术研究机构和公司的研究热点。

目前，与化学农药相比，全球生物农药所占的市场份额仍然较少，但未来几年内其增长速度将远远超过化学农药（表3-18）。

表3-18　全球农药市场现状与发展态势
（十亿美元）

	2008	2009	2014	2009~2014年复合增长率（%）
合成农药	38.8	41.2	47.8	3.0
生物农药	1.2	1.6	3.3	15.6
总计	40.0	42.8	51.1	3.6

数据来源：BCC Research

从区域分布上看，世界上生物农药使用量最多的国家有墨西哥、美国和加拿大等国，占世界总量的44%。欧洲的生物农药使用量占全世界的20%，亚洲占13%，大洋洲占11%，拉美洲和加勒比湾占9%，非洲占3%。

我国生物农药按照其成分和来源可分为微生物活体农药、微生物代谢产物农药、植物源农药、动物源农药四个部分。按照防治对象可分为杀虫剂、杀菌剂、除草剂、杀螨剂、杀鼠剂、植物生长调节剂等。就其利用对象而言，生物农药一般分为直接利用生物活体和利用源于生物的生理活性物质两大类，前者包括细菌、真菌、线虫、病毒及拮抗微生物等，后者包括农用抗生素、植物生长调节剂、性信息素、摄食抑制剂、保幼激素和源于植物的生理活性物质等。但是，在我国农业生产实际应用中，生物农药一般主

要泛指可以进行大规模工业化生产的微生物源农药。近10年来，我国在生物农药研究的关键技术与产品开发方面已取得了一批重大成果，苏云金杆菌杀虫剂、农用抗生素、棉铃虫NPV、杀虫真菌剂等技术产品已经达到或部分超过国外同类先进水平，不但满足国内市场需求变化，而且走出国门，进入亚洲和欧美市场。从品种上看，在目前我国已登记的生物农药品种近100种中，产量规模较大的是苏云金芽孢杆菌（Bt）、井冈霉素、阿维菌素、赤霉素、农抗120、甲氨基阿维菌素、多抗菌素、宁南菌素、中生菌素、棉铃虫多角体病毒、苦参碱、印楝素等为产品。从产量和产值综合来看，已实现产业化的品种中规模最大的是阿维菌素，其次是井冈霉素、赤霉素和苏云金芽孢杆菌等。从应用面积看，已实现产业化规模的最大品种是井冈霉素，其次是阿维菌素、苏云金芽孢杆菌和赤霉素。

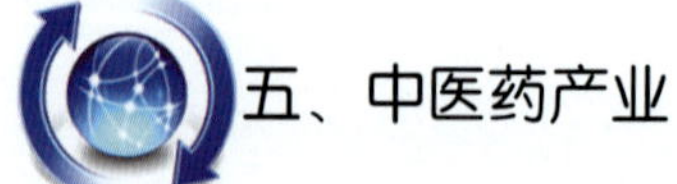

五、中医药产业

中医药产业一直以来都是我国的传统优势产业，历史悠久，是中华民族的瑰宝。历史上，中药都以其产量多、分布广、毒副作用小等优势占据着我国医药产业的半壁江山，但是另一方面，我国对中药产业的重视程度不够，中药产业的技术标准体系也不健全，导致中医药产业发展相对缓慢。近年来，中医药在国家政策的支持下，呈现出良好的发展态势。2006年，国家出台《国家中长期科学和技术发展规划纲要（2006—2020年）》，要求我国要在中医药产业中重点开展理论创新和研究；2007年，《中医药创新发展规划纲要》指出要建立中医药标准规范体系。2009年2月，国家食品药品监督管理局发布实施了《中药品种保护指导原则》。国家基本药物目录自2009年9月21日起实施。基本药物目录里面有一半品种是中成药，中药饮片首次被纳入国家基本药物。“新医改”的深入推行使我国中医、中药的应用更加广泛。2010年，我国中央财政安排专项资金52.43亿元用于中医药事业发展，是新中国成立以来最多的一年。自此，中医药产业不断发展。企业方面，近年来，以同仁堂、太极集团、华润三九、九芝堂等大集团公司为代表的中药龙头企业发展迅猛，研发水平不断提升。国外医药巨头也跃跃欲试，当前世界医药20强都已经成立了专门的中草药研究中心，有些企业也开始在中国网罗中药研发人才。同时，受中药板块高利润、高增长等利好因素的吸引，社会上大量资本流入中药行业，使中药市场调整步伐加快。

从地区上看，我国已形成以天津、北京

为中心的环渤海地区，以上海、江苏为中心的长江三角洲地区，以广东为中心的珠江三角洲，以成都、重庆为中心的西南地区，以西安、杨凌为中心的西北的中药产业集群，这些地区从中药初加工到深加工形成了各具特色的中药产业集群。

（一）我国中医药资源

中国位于亚欧大陆的东部和中部、太平洋的西岸，处于中纬度和低纬度，大部分地区属亚热带和温带，少部分属于热带。中国具有山地、丘陵、高原、盐地、平原等多种地貌类型，是一个多山国家，山地、高原和丘陵约占全国土地总面积的86%。中国的植物种类极其丰富，据统计，仅种子植物就有24500种，分属253科、3184属，仅次于马来西亚和巴西，居世界第三位。中国的动物种类繁多，仅陆栖脊椎动物就有2000种以上，约占世界种数的10%。中国海域辽阔，海洋生物资源十分丰富，约有2000多种，其中鱼类资源1500多种。由此可见，中国的生物资源在世界上占有十分重要的地位。复杂的自然环境决定了中国中药资源种类的丰富程度，中国现有药用植物11 118种、药用动物约1574种、药用矿物80种。这些中药资源有规律地分布在不同的地区和不同的自然环境中。

另一方面，中药资源是中药产业、中医药事业存亡和发展的基础，作为资源依赖型的中药产业的快速发展，离不开中药资源持续稳定供应。但随着对中药材需求的急剧增加，野生中药资源，尤其是道地药材资源受到严重破坏，严重制约了我国中医药的可持续发展。目前我国濒危动植物已达1400多种，部分已经灭绝，被列入中国珍惜濒危保护植物名录的药用植物有168种，其中稀有种38种，渐危种84种，濒危种46种。中医药资源的保护刻不容缓。

（二）我国中药制造业发展规模

近年，中国中医药产业发展迅猛，年总产值以超过20%的速度增长，而同期世界医药产业的增长速度为4%～7%。业界预计“十二五”期间包括中药工业、中药农业、中药商业、中药保健品、中药食品、中药化妆品、中药兽药以及中药加工装备制造业等在内的大中药产业产值有望突破1万亿元。

近些年来，中药市场发展迅速，我国中成药工业发展总产值由2005年的1065亿元增长到2009年的2100亿元，平均复合增长率为18.50%。2010年1～11月，我国中药制造业累计实现产品销售收入2768.19亿元，同比增长28.51%，增速比上年同期上升了5.09个百分点。11月末，我国中药制造业资产总计为3070.27亿元，同比增长18.09%，增速比上年同期上升了4.79个百分点；企业数为

2350个，比上年同期增加了157个；从业人员年均人数为49.20万人，同比增长7.60%（图3-13）。

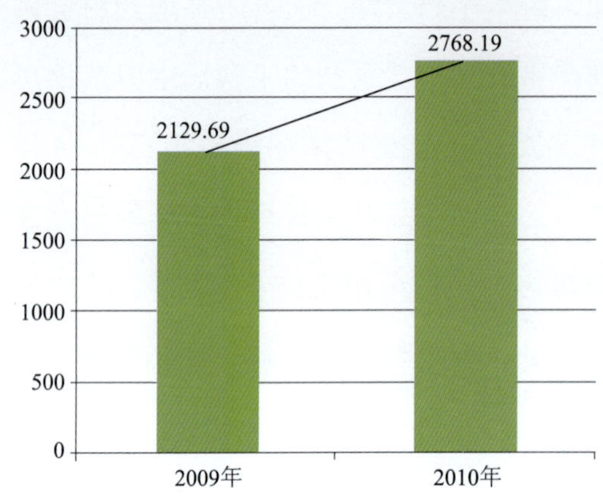

图3-13　2009—2010 年中国中药制造业规模（亿元）

2010年1～11月，我国中药制造业累计利润总额为270.15亿元，比上年同期增加了67.07亿元。11月末，我国中药制造业亏损面为16.17%，比上年同期减少了2.16个百分点（图3-14）。

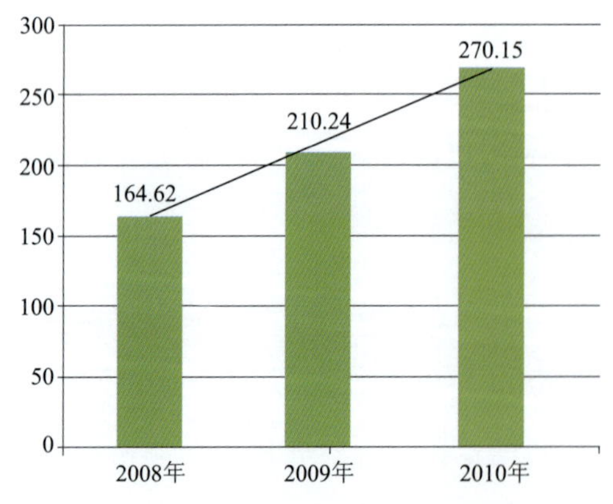

图3-14　2008—2010年中国中药制造业盈利情况（亿元）

（三）中医药的技术进展

中医药发展的速度和质量，在很大程度上依赖适合于中医药特点的关键技术方法和研究平台的建立。

中医方面，探索建立了能够客观说明、合理分析中医四诊信息与生命疾病现象关系的方法，能够广泛用于中医诊断研究，运用该方法开展的研究结果能够得到生物医学同行的认同。初步建立了能够反映中医证候与人体功能、状态变化之间关系的信息提取分析的方法，能够用于中医基础理论的诠释研究，其结果将对现代医学诊断理论产生影响，进而推动中医基础理论的现代化和国际化，如通过对类风湿性关节炎和酒精性肝纤维化证候分类的研究，完善疾病的中医证候分类方法；建立了肾虚证与脾虚证类风湿性关节炎病证结合动物模型的制作与评价方法，并建立了痰瘀互结证、瘀血阻脉证冠状动脉粥样硬化性心脏病小型猪病证结合模型。研究并提出了具有中医特色、体现中医优势的临床诊疗指标及其评价方法，该方法以及运用该方法开展的中医临床诊疗评价研究结果能够得到国际同行接受和引用，同时初步建立了中医临床标准，产生国际引导作用。突出的案例包括：把量表方法应用于中医证候要素的规范化采集和评价；完成了心力衰竭、哮喘、肝炎后肝硬化、糖尿病视网膜病变等相关疾病的中

医证候特征规范研究；研制了心力衰竭、哮喘、肝炎后肝硬化和糖尿病视网膜病变中医生存质量量表；建立了心力衰竭、哮喘、肝炎后肝硬化、糖尿病视网膜病变中医个体化诊疗方案并进行了临床验证；提出了中医临床效应的病证（症/征）结合、系统分段、综合评价研究思路，并通过文献评价和不同临床研究设计的临床疗效评价探索研究，构建了多种疾病相关的多维结局指标评价体系，建立了基于临床研究和文献的病证结合系统分段多维指标的临床效应综合评价方法。

中药方面，现已完善和建立了包括中药质量控制技术平台、中药安全性评价平台、中药药效评价平台、中药开发工程技术平台等在内的23个平台建设；完成了41种中药材种植/养殖及生产规范化操作规程59个，中药材种植/养殖关键技术日臻完善；完成了53种区域特色中药材的饮片炮制工艺及质量标准56个，提取物工艺及质量标准30个，其中的关键技术体现了现代科技发展与中药发展的有机融合。突出的案例包括探索建立了符合中药特点的复杂成分质量控制方法及相应的技术，该方法使我们认识中药复方物质基础的程度得到进一步提高，相对确保中药复方质量稳定一致，为中药走向国际提供了质量控制方法，并得到相关权威部门的认同。依托于武汉健民药业集团和九州通集团的医药行业物流与供应链集成平台，从现代中药产业的特点与难点问题出发，构建了充分覆盖中药产业上中下游的、基于供应链管理思想的现代中药产业物流与供应链电子商务集成平台。截止到2010年底，穆拉德中药现代化研究中心成功申请为国家三级实验室；以广州中医药大学新药研究开发中心为中心，联合了南方医科大学、美国休斯敦大学药学院和香港浸会大学中医药学院，组建了研究中药有效成分转运与代谢的合作实验室。由于中药研究关键技术和研究平台规范化程度得到了进一步显著提高，且部分关键技术达到国内领先甚至国际水平，预期这些成果在优化资源配置、提升中药创新能力、促进中药产业发展中将发挥重要的作用。

中医药的现代研究取得了可喜的成绩，为“十二五”计划的制定和实施奠定了坚实的基础。

（四）中医药的国际化拓展

目前，中医药在东南亚、日本、韩国等地得到了较好的发展，在澳大利亚已取得合法地位，连限制最为严厉的美国和欧洲，也在逐步放松对中医药的限制。如法国目前约有2800个中医诊所，45个协会，参加人数1.2万人，每年消耗中药4.3万吨；英国成立了专门考核和登记注册中医药人员的部门，

对经考核合格者，准许取得中医人员资格，可以经营中医业，用中药医治病人，仅伦敦就有600家中医诊所；美国也在逐步放松对中医药的限制，于1994年颁布了《饮食补充剂健康与教育法》，承认草药的防病治病作用，将草药划归饮食补充剂范畴；近期又专门制定了《植物药研究指南》，开始接受传统药物中的天然药物复方混合制剂作为治疗药物，为中药作为治疗药物进入美国市场打开了大门。

美国食品药品管理局（FDA）也在改变数十年来禁止批准植物药上市销售的局面。该机构于2007 年底首次批准了一种植物药上市销售，这种名为Polyphenon E 的药膏可用于治疗某种性病，其含有的活性成分为绿茶。FDA 开始接受“中国方式”促使企业向该机构提交新药上市的申请大幅增长，其导致FDA 先后批准数百种植物药进入临床试验阶段，这些新药多数是以传统中药为基础开发。例如，2008年4月至2009年12月，复方丹参滴丸成功在美国进行了IND II期临床试验，并于2010年7月与FDA顺利召开了Ⅱ期结题会议，复方丹参滴丸的安全性及有效性得到了FDA的充分认可。之后，国际注册与法规研究中心即投入到全球性Ⅲ期临床试验准备工作之中，工作内容主要涉及以下几个方面：

（1）临床试验方案的设计及优化；（2）寻找Ⅲ期合作的CRO公司；（3）开展复方丹参滴丸申报的其他支持性研究：如最大耐受剂量试验，药物相互作用试验（鸡尾酒试验），以及复方丹参滴丸与华法林相互作用试验等等；（4）部门内部或外部培训。目前，复方丹参滴丸INDⅢ期的准备工作进展顺利，并已取得阶段性进展。

欧洲的植物药和草药的销售额很大。其中，德国每年此类药物的销售额为25亿美元，为欧洲联盟总销售额的45%（美国草药总销售额约为每年15亿美元），人均消费37美元。法国的植物药销售额为16亿美元，占欧盟总销售额的29%。接下来为意大利、英国、西班牙、荷兰和比利时。整个欧盟销售额为55亿，人均17.4美元。按适应证来分，心血管类药占27.2%，呼吸道药15.3%，消化道药14.4%，降压药和镇静药9.3%，局部用药7.4%，其他用药12.0%。在欧洲最成功的单一制剂为银杏制剂，它在德国和法国用于改善脑供血。其在德国的销售额为6亿马克。占第二、第三位的为人参和大蒜制剂。最近用于治疗忧郁症的金丝桃制剂也取得令人瞩目的销售额增长。

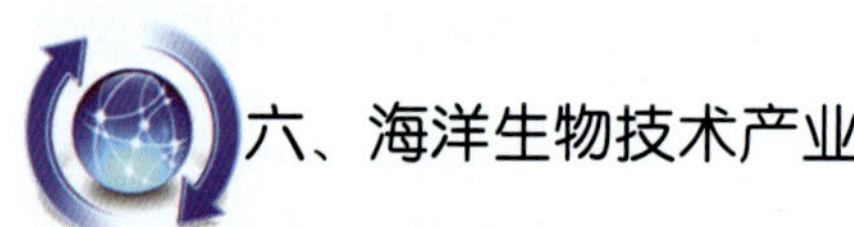

六、海洋生物技术产业

海洋极其复杂的环境条件孕育出地球上

最丰富的生物资源，因为海洋生物资源具有可再生的特点，从而成为解决人类食物和药物的重要来源，也成为解决能源危机的主要途径。因此，海洋资源开发的地位越来越重要。同时，现代生命科学因生物技术的诞生而得到了飞速的发展，并且不断渗透到生命科学研究的各个领域，使医药、农业、海洋等领域都获得了重大的发现。生物技术在海洋研究领域的应用，可以更深层次的探索生命的奥秘，保护海洋生物及其基因资源，开发新的医药和工业用酶基因，并培育新的优质海洋养殖品种，保持海洋生态平衡，促进可持续发展。

（一）研究进展

1. 海洋生物基因组学研究进展

随着人类基因组和部分陆地动植物基因组测序的完成，占地球生物80%以上的海洋生物的研究也进入了基因组时代。而且，部分模式海洋生物如斑马鱼、河豚、海胆、文昌鱼和一些海洋微生物、病原微生物已经完成全基因组测序。水产养殖动物的基因组计划也在相继进行中。

我国最早进行海洋生物基因组研究的徐洵院士研究团队在2000年已经完成了对虾白斑杆状病毒基因组全序列测定。为研究功能基因的差异表达，揭示病毒与寄主间功能基因相互作用的分子机制，最终为病害的防治奠定了坚实的基础。该研究团队同时在海洋微生物基因组的研究领域也取得重要进展。

而模式生物文昌鱼作为迄今5亿多年前出现的最原始的脊椎动物，被认为是研究脊椎动物起源与进化的重要节点，中山大学生命科学学院的徐安龙教授研究团队应用454测序技术，获得了第一张拜师文昌鱼草图，对于基因组的注释工作已经基本完成。该基因组草图的完成为比较基因组学的研究提供了丰富的数据，为基因图谱的重构、表型的筛选及种群的分析提供了重要的分子标记。

为改善水产养殖领域的种质资源，找到致病相关及经济性状相关的基因，我国在水产养殖领域展开了基因组学的研究，并取得了重大进展。以中科院海洋研究所为首的研究单位在近两年相继完成了养殖贝类牡蛎的全基因组序列图谱，并对中国重要养殖海洋生物对虾的基因组进行了研究，并取得了重要进展，运用强大的测序平台，对表达序列标签进行了检测，发现了与对虾生长发育、抗病性和性别控制等直接相关的基因。养殖鱼类等其他海洋生物基因组研究也正在进行中。

2. 药用海洋生物的研究进展

海洋生物活性物质当中许多具有抗病毒、抗肿瘤、降压、止痛、促生长等药物生理功效，因此，海洋生物成为新型药物和其他具有药用价值的生物活性物质的重要源泉，这些海洋活性物质可以广泛地应用于包

括抗肿瘤与抗病毒药物、心血管药物、抗神经系统疾病与抗衰老药物、提高机体免疫能力的保健品等方面的开发。应用生物技术开发海洋生物活性物质成为药物的研究一直是各国纷纷投入巨资研发的热点。到目前为止国际上海洋生物医药的应用最终被批准应用与临床的只有两例。2004年12月被美国FDA批准的芋螺多肽毒素MVIIA用于治疗严重慢性疼痛。2007年10月Trabectedin（ET743）在欧洲通过用于治疗软组织肉瘤。而处于临床研究的有几十种。

我国经过研究人员的多年研究，已经发现了一大批具有抗艾滋病、抗肿瘤、抗动脉粥样硬化、镇痛、抗心衰等的活性分子。如用于镇痛的芋螺毒素，用于抗心衰的海葵毒素，用于抗实体瘤生长的新生血管因子，用于抗肿瘤的大环内酯、藻兰蛋白等。经过国家有关部门的大力资助和研究人员的努力，部分海洋活性物质正在走向临床，大部分通过改造和修饰，成为非常丰富的药物设计的先导物资源。

3. 海洋生物工、农业应用相关分子的研究进展

我国海洋生物科研工作者运用生物技术获得了一系列的工业用酶，如褐胶藻酶、低温蛋白酶、溶菌酶等。对虾、扇贝、鲍鱼、紫菜、牙鲆、石斑鱼、扇贝、紫菜等重要海洋生物的一批重要生产性状关键基因及免疫抗病相关基因得到克隆并有望在海洋养殖生物的分子育种中应用。海洋模式生物文昌鱼及一批重要经济养殖海洋生物的免疫信号系统的相关基因得到克隆表达并进行了功能研究，为海洋生物的养殖及病害防治提供了分子基础。

我国从事海洋生物技术研究的队伍也越来越壮大，包括中国海洋大学、国家海洋局第一海洋研究所、中科院海洋所、中山大学、厦门大学、第二军医大学等，其研究水平已经处于国际先进之列。近年来，我国海洋生物医药研究也正逐步走向规范化，形成了上海、青岛、厦门、广州为中心的4个海洋生物技术和海洋药物研究中心。

（二）产业发展

我国的海洋产业发展呈高速发展的态势。《2010年中国海洋经济统计公报》的数据显示，我国海洋生产总值38439亿元，比上一年增长12.8%，占国内生产总值的9.7%，比上一年增加0.2%。其中，海洋产业增加值22370亿元，海洋相关产业增加值16069亿元，海洋产业总体保持高速稳步增长的态势，产业规模不断迈上新台阶。

海洋产业增加值增速最快的产业之一海洋生物医药产业属于海洋新兴产业，发展历史较短，规模较小，但是发展势头迅猛，2001—2010年产值翻了11.7倍。近几年来，

党中央国务院高度重视，并采取了一系列措施优先支持我国生命科学产业发展。2009年6月国务院批准发布《促进生物产业加快发展的若干政策》，2010年10月颁布《国务院关于加快培育和发展战略性新兴产业的决定》，将生物产业列为国家“十二五”战略性新兴产业来大力发展。在此良好的外部环境下，从长远来看，海洋生物医药市场存在巨大的发展空间，产业前景明朗。海洋生物医药产业迅猛发展带动了广东，山东，江苏，福建等沿海省份对产业的投入力度，形成了集聚效应，涌现了一批突出的海洋生物医药企业。广东省海洋生物医药产业起步较早，走在全国前列。南海海洋生物技术国家工程研究中心依托于中山大学，对海洋生物进行研究，获得多个具有自主知识产权的功能新基因和海洋活性物质。广东昂泰集团是海洋药物开发的先行者，致力于海洋功能食品的研究和开发，推出了一系列蓝色保健品。福建省华宝海洋生物化工公司将虾壳、蟹壳等甲壳“变废为宝”，现为氨基葡萄糖生产基地，占全国同类产品出口额的50%以上。山东省将加快发展新医药产业战略，重点加快发展海洋生物医药，已形成黄海制药，华仁药业为龙头的海洋生物医药产业带。

“十二五”时期是我国全面建设小康社会的关键时期，加快培育和发展战略性新兴产业，是中国提升产业结构，提升经济增长方式的重大举措。海洋生物产业是战略性新兴产业的重要领域之一，随着《战略性新兴产业发展“十二五”规划》、《生物产业发展“十二五”规划》的出台，海洋生物产业将迎来更广阔的发展空间。

（三）发展趋势

2010年是国家“十一五”计划的收官之年，“十一五”期间，我国海洋经济发展进入战略转型和快速增长并重的新阶段，主要表现为：在海洋高新技术支撑下，一些对海洋经济以至国民经济可持续发展具有重要战略意义的海洋高新技术产业开始形成并获得较快发展。而作为海洋经济重要组成部分的海洋生物领域，无论在基础科学研究，还是在海洋生物产业化发展方面，都取得了可喜的成绩。2011年是“十二五”计划的开局之年，在“十二五”规划报告中，明确提出了要推进海洋经济发展以及增强科技创新能力。海洋生物技术未来的发展除了继续保持自身优势，将现有成果做大做强之外，更应该响应和落实“十二五”规划，以更强的科技创新能力推动整个国家的海洋战略。

在未来的几年内，海洋生物技术研究领域将集中在以下几个研究方面：

1. 海洋生物的“组学”研究

现代生命科学的研究飞速发展，在新的

研究技术的带动下，海洋生物资源的开发研究呈现出了良好的前景，并进入了“组学”研究时期，包括（宏）基因组学、蛋白质组学、转录组学及代谢组学研究等。从对单个基因、蛋白或是代谢产物的研究，转向对整个“组学”的研究，是海洋生物研究发展的重大突破和必然结果。

在海洋生物基因组研究的基础上，进而进行功能基因的开发和应用是研究海洋生物的大趋势。随着基因组学大规模测序技术的进步，功能基因的发现和鉴定也进入了高通量时代，如美国、日本等通过功能基因组学的研究，获得了很多水产经济生物疾病及免疫相关的功能基因。宏基因组技术在海洋微生物领域的应用，则发现了一批具有应用前景的海洋生物酶功能基因。随着基因组技术的发展，海洋生物功能基因的研究进入了快速发展的新时代。

蛋白质组学技术，可极大地促进了海洋生物功能蛋白的研究。海洋中的生物活性物质一直是研究发展最迅速的领域之一，而其中的多数蛋白多肽类活性物质因为作用机理明确，成为非常有潜力的临床用药或药物分子设计的前导物。蛋白质组学为临床用药的筛选可提供强大的数据库。随着代谢组学技术在海洋生物研究领域的渗透，将会更深入的揭示海洋生物有机体的生命本质，推动海洋生物资源的开发和利用。

2. 继续推动产业化进程

海洋生物产业是海洋战略性新兴产业的重要组成部分，具有潜在的巨大市场需求，拥有良好性能的海洋生物医药和保健产品、海洋生物新材料等的产业化以及基于海洋生物基因技术的海洋生物品种改良可以创造出巨大的海洋生物产品市场，拓展生物医药产业、新材料产业以及海洋养殖业发展空间，极具发展潜力。

海洋生物医药业在我国是一个新兴的产业，发展历史较短暂，还存在广阔的发展空间。据国家海洋局发布的2010年中国海洋经济统计公报，在2010年海洋渔业占海洋产业总增加值的18.1%，而海洋医药业仅占海洋产业总增加值的0.4%。海洋医药业的发展潜力巨大。我国走海洋生物制药产业化的道路，应当坚持“务实、高效”的原则。一方面从政策层面和宏观管理层面对海洋生物医药的发展给予支持，增加海洋生物医药产业方面的投入，尤其是在海洋生物技术的投入；另一方面建立产、学、研三方面的密切合作关系，发挥各自的比较优势，将三方在人力、智力、财力上的优势得到最好发挥，重点把握对于社会效益高、市场前景广阔的项目并重点发展。最终形成这样的局面：基础研究方面稳步前进，研究成果迅速转化为现实产品，现实产品取得的效益反过来促进基础研究。尽管海洋生物药品的开发仍处于

起步阶段，产业做大做强、造福人类尚需时日，但在国家的大力支持下，它必将成为我国海洋经济发展中新的增长点。

海洋生物材料是生物材料和海洋生物技术的重要组成部分，因其资源丰富，结构、性质、功能独特，并具有良好的生物安全性，所以受到材料界的广泛关注。海洋生物材料研发具有资源丰富、功能独特、生物安全、成本低廉、塑造性好等优势。我国的海洋生物材料研究已具备一定基础，形成了一定规模的技术创新，但成果转化力度相对欠缺，多数专利悬而未用，使得产业化的速度和技术含量与科研成果产生脱节。在今后的发展中，应该加强自主创新性强、技术成熟度高、市场需求量大的产品产业化；加强海洋生物材料的应用基础研究；加强海洋生物材料工程化技术中心和产业化示范基地建设。我国的海洋生物材料行业虽然具有很多的不足，但是作为“循环产业”、“低碳经济”的典型代表，在经历成长期的磨砺后，必将回馈社会一个生机蓬勃的新型生物制品行业。

在“十二五”期间，海洋生物产业应该作为重点推进领域，加大扶持力度，促进跨越式发展。海洋生物产业中的海洋生物医药和保健品、海洋生物育种、海洋生物基因技术、海洋生物材料等领域在短期内都要加快推进，并力求掌握核心技术知识产权，而在中长期时间尺度上要大力发展深海生物基因技术，加快建立深海养殖、深海生物基因等深海生物产业。

3. 海洋生态系统的研究

“十二五”规划中提出“科学规划海洋经济发展，合理开发利用海洋资源，积极发展海洋油气、海洋运输、海洋渔业、滨海旅游等产业，培育壮大海洋生物医药、海水综合利用、海洋工程装备制造等新兴产业。加强海洋基础性、前瞻性、关键性技术研发，提高海洋科技水平，增强海洋开发利用能力。”

海洋生物技术的发展必然要和其他的海洋学科联合起来，共同推动海洋资源的可持续发展。我国有着299.7万平方公里的领海，在大力发展海洋油气、运输、渔业的同时，也需要对我国领海的生物资源的进行保护、合理开发和采集，以维持整个海域的生态平衡。2011年3月日本福岛的核泄漏事件以及6月渤海湾的原油泄漏事件都对我国海域造成了很大的污染，极大地影响了海洋生态系统和海洋渔业。而对于污染问题的解决，除了使用物理化学的方法外，生物防治以及生态学的方法能够更好的恢复海洋生态系统的平衡，保护各种珍稀海洋生物。而在海产养殖和病害防治方面的研究，则可以加速海洋渔业的发展，直接产生经济效益。

因此，从传统分类学的海洋生物多样性

到海洋极端环境的生态系统，从分子水平的海洋生物技术到生态系统水平的海水养殖，从海洋生物资源修复技术到海洋生态灾害防治，在一个大生态系统的框架下形成了一个既古老又崭新的重要的海洋科学研究领域。加强多学科之间的统筹管理和交流合作，从而更全面更深入的研究海洋生态系统，是未来海洋生物技术发展的必然趋势。

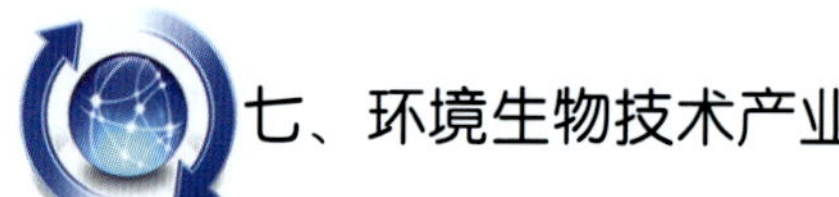

七、环境生物技术产业

环境生物技术是将生物技术应用于环境污染控制、环境诊断、环境修复及污染物资源化的一个技术系统。作为诞生于20世纪70年代的一门新兴边缘学科，环境生物技术涉及生物技术、工程学、环境学和生态学等多个学科，并随着生物技术与环境科学与技术的快速发展，近年来受到国内外学术界和相关产业界的高度关注，成为环境科学与技术领域的一个新的学科增长点。2002年10月的美国科学杂志（*Science*）刊登了环境微生物技术的研究特辑，英国的自然生物技术杂志（*Nature Biotechnology*）于2003年2月刊登了具有芳香化合物降解能力的假单胞杆菌（*Pseudomonas sp.*）作为多样生物催化剂的可能性。

国际环境生物技术学会（International Society for Environmental Biotechnology）成立于1993年，自1996年起每年召开一次国际学术会议，成为讨论环境生物技术研究发展的重要舞台。中国科学院成立了一个跨部门和研究所的环境生物研究网络，中国科学院生态环境研究中心正在积极筹建环境生物技术院重点实验室。我国与环境生物技术有关的学术团体包括微生物学会环境微生物专业委员会、生态学学会微生物生态专业委员会等。

虽然环境生物技术涉及众多的研究方向，但是近几年人们主要围绕以下几个重要领域在开展工作：（1）污染治理与环境保护；（2）生物能源与环境效应；（3）农业环境保护和粮食安全；（4）全球地质演化、物质循环及全球气候变化。

（一）污染治理与环境保护

废水生物处理是环境生物技术最为传统的课题。近年来，人们在生物处理技术方面取得了重要的进展。厌氧氨氧化技术、生物除臭技术等进入规模化应用阶段，在降低污染治理成本、提高效率方面发挥重要作用。随着生物技术的发展，人们对污染物生物净化工艺过程的生物学机理认识也在不断深入，为新工艺的发展和工艺过程的优化提供了重要的科学基础。

1. 废水生物处理技术

以短程硝化和厌氧氨氧化组合为代表的

节能型、高速氨氮处理技术已经逐步进入推广应用阶段。影响该技术转化的瓶颈在于高效菌种的分离和快速培养、短程硝化的稳定维持。

由于丝状菌的异常增殖而引起的污泥膨胀是废水处理过程中常见的一种问题，给水厂稳定运行带来很大的困扰。科学家们在揭示污泥膨胀的生物学机制方面取得一定进展，并污泥膨胀的生物调控技术方面进行了有益的尝试。

抗药菌和抗药基因在环境中传播带来的健康风险已经引起国际上广泛的关注。国内外科学家发现，抗生素废水由于含有高浓度残留抗生素，在处理过程中会导致大量具有高抗性和多抗性的抗药菌的环境排放，如何在抗生素生产废水处理过程中进行抗药菌和抗药基因排放控制已经引起科学家的高度关注。

废水处理污泥的自颗粒化对于提供高浓度菌种、提高处理速度具有重要意义。上世纪80年代厌氧颗粒污泥的发现为厌氧废水处理技术的普及奠定了重要的基础。近年来人们在缺氧颗粒污泥和好氧颗粒污泥的形成方面取得重要进展，日本在将缺氧颗粒污泥用于废水反硝化处理方面取得突破。

另外，基于生物电子传递过程的生物燃料电池（MFC）废水处理技术近年来也受到广泛的关注。近年来，人们在电极材料、反应器优化、高效菌种获取以及过程机制认识等方面取得重要进展。但是，在MFC的应用方向方面，人们还存在很大的分歧。

高效菌种的获取及其污染物降解机制研究也一直是环境生物技术研究领域的一项重点内容。人们对高效菌种在环境净化方面的作用期待很大，越来越多的降解菌的发现丰富了环境菌种库，但是，在如何利用高效菌种资源方面仍然进展不是非常理想。目前的一些利用主要局限于菌剂，但市场上各种菌剂也是良莠不齐，十分混乱。

2. 生物监测技术

环境分析历来以传统物化分析为主导，近年来，基于细菌、哺乳动物细胞、蛋白质和核酸的生物监测技术因其特有的微量、实时、原位、廉价等特点，逐渐被开发并应用在环境监测和污染物效应评价上。随着传感器技术的快速发展，生物检测技术也取得了长足的进步，并逐步进入实用化阶段。

利用抗原和抗体的特异反应的酶联免疫测定方法（ELISA）在医学和临床上已经有了广泛应用，近年来市场上出现了藻毒素、二噁英、内分泌干扰物质等环境中有害化学物质及其相关生物标记物的ELISA试剂盒。虽然ELISA可以获得比较高的灵敏度，但是由于样品中往往存在一些结构比较相似的化学物质，从而使ELISA测定的结果高于仪器检测结果。随着重组抗体(recombinant

antibody)制作方法的建立，有望提高ELISA法的特异性。

基于转录活性测定的报告基因生物监测方法成为二噁英、内分泌干扰物、致突变物等有害物质的一个重要检测方法。目前广泛使用的有：（1）EROD酶诱导法；（2）重组受体/报告基因表达培养细胞（如CALUX/CAFLUX）；（3）重组受体/报告基因表达酵母法。这些方法各有优缺点，如EROD酶诱导法灵敏度较高，但是耗时较长(3天)，由于PCBs等物质会抑制EROD的诱导，从而导致此方法信号不准确；重组受体/报告基因表达培养细胞CALUX对荧光稳定性有一定要求，对细胞培养需要24h。在二重组受体/报告基因表达酵母法将人类Ah受体和ARNT基因克隆到酵母*Saccharomyces cerevisiae*菌株上，通过配体诱导激活受体基因，同时激活报告基因，转录成β-半乳糖苷酶，通过测定β-半乳糖苷酶来检测出化学物质的Ah受体效应。此方法相对而言快速简单，已经进入商业应用阶段，但是其灵敏度不如CALUX方法高。另外，基于重组细菌的umu遗传毒性测试技术已经成为ISO标准方法，并有多种商业应用形式。总体上来看，报告基因生物监测方法具有广泛的应用前景。

随着基因芯片技术的发展，将基因芯片技术应用到污染物、病原微生物筛查以及微生物生态学分析的研究越来越多。国内外都有一些大科学技术在推动该技术的发展，一些商业机构在技术应用开发方面也非常活跃，近期可能会有较大的突破。

3. 微生物群落分析技术

无论在水、固体废弃物还是在污染土壤的治理过程中，微生物起着极其重要的作用，有关环境微生物群落特征和功能的分析在近几年获得了巨大进展。

20世纪90年代之后，随着分子生物学技术在环境领域的突飞猛进的发展，人们认识到环境中微生物种群的多样性和不可培养性(90%~99%)，从而加强了对微生物分子生态学的研究。在污水处理领域，近年来主要使用的分子生物学技术包括扩增核糖体DNA的限制性分析（ARDRA，或者16S-RFLP）、间隔区序列分析（RISA）、末端限制性片段长度多态性分析（t-RFLP）、变性梯度凝胶电泳（DGGE）、16S rRNA基因全长分析、荧光原位杂交（FISH）和共聚焦激光扫描显微镜（CLSM）以及实时荧光定量PCR（Q-PCR）等。虽然这些技术各有优缺点，但是它们给人们提供了不依赖于传统培养并且能够检测那些大量存在而又无法培养的未知微生物类群的途径，因此已经替代传统培养方法而广泛应用于各种污水处理系统的微生物群落特征的表征，并且试图与污水处理系统的运行效果和参数之间进行相关性分析。2002年之后发展起

来的基于PCR和DNA基因芯片的高通量技术可以让人们更加快速地检测和筛选微生物的组成和活性。人们通过对这些微生物群落组成和特征的充分理解，希望在污水处理系统的控制和处理过程中起到监控作用。但是，对于环境中微生物群落功能的研究一直存在着技术难点，传统的依赖于分离培养获得纯菌种进行微生物功能和活性检测的方法显然不能代表整个群落在自然状态下的功能和活性，而特定的酶或蛋白质活性往往在自然状态下很低而无法测出，另外对微生物群落中可能存在的大量未知功能的检测无从下手。

因此，研究环境中微生物群落的功能和活性，发现新的污染物降解基因，揭开微生物发挥生态功能的真正机制和秘密从而推动污水生物处理技术的提高和飞跃将是污水处理领域继微生物群落系统发育（microbial community phylogeny）研究之后的重要方向和任务。近年来大量的有关污水处理系统中活性污泥的功能研究集中在微生物种群的特定功能方面，例如污泥膨胀、泡沫问题、硝化、除磷、特定污染物的降解等等。稳定同位素探针技术（stable isotope probing, SIP）利用同位素标记底物来研究微生物群落的污染物降解活性，对确定特定功能的微生物类群具有重要意义。但是到目前为止，对微生物整个群落的功能活性、群落中微生物之间的相互作用、群落的生长演化和代谢调控等关键因素和机制的全面信息了解得很少，因而很难对污水处理系统的实际工程的调控产生重要影响。

在微生物生态功能研究方面的突破性进展是功能基因芯片技术的研制（functional gene array, FGA），该技术是在获得大量的与主要代谢过程相关的酶基因序列信息的基础上研发的，由于采用了基因芯片技术，因而可以同时获得大量有关重要基因存在和基因表达的信息。许多研究已经采用了FGA技术，涉及的微生物环境过程包括固氮和硝化、降解土壤PCB的特异性芳香环氧化酶基因以及土壤萘降解基因的存在和表达等。该技术在污水处理研究领域也有应用。

随着最近5年来分子生物学技术日新月异的发展，高通量测序技术（pyrosequencing）、宏基因组学、宏转录组学、宏蛋白质组学以及宏代谢组学等技术相继产生，这些技术的发展和相互之间的结合使得环境微生物种群生态的研究出现了一个新的高潮。由于可以同时获得大量基因信息，这些方法从理论上都更加接近整个群落的生态功能的解析，但大量信息的高效解析将成为关键。

（二）生物能源与环境效应

随着对全球气候变暖的关注和能源价格的波动，生物能源掀起了新一轮的研究热

潮。自2000年起，美国政府投入了大量的科研经费开展生物能源的研究并结合美国的农业和气候特点开展了东部以纤维素乙醇为主、中部以为粮食乙醇为主和西部以生物柴油为主的布局。随着这几年的技术进步，美国和欧洲都制定了雄心勃勃的计划。欧洲计划在2020年将实现10%的运输燃油来自可再生能源，美国计划到2022年将有360亿加仑的燃油来自可再生的燃料。近十年美国企业与私营基金至少投入了20多亿美元开展生物燃油的研发工作。从2005年到2010年美国的粮食乙醇增长了三倍多，占整个美国粮食产量的1/3。随着基因组学和合成生物学技术的飞速发展，已在一些关键技术上取得了一定的进展，同时发现新的能源微生物物种资源也再取得进展。我国因人口众多，发展粮食乙醇是不现实的。纤维素乙醇和生物柴油技术还存在着一些技术瓶颈有待解决，如何发展中国的生物能源战略，我国并没有一个完整的规划。

另一方面，2010年生物能源与环境效应及对环境负面的影响和道德底线也成为关注的问题。目前聚焦在三个问题上：

1. 生物燃料的发展不能超越人类基本需求的底线

世界上33%的人超重，主要在发达国家，且食物的40%被浪费掉。与此同时，在发展中国家占世界人口总数17%的人营养不良。随着更多的粮食被用于生物燃料，粮食大宗商品的价格在不断地推升。在技术层面上，人类的基因已用于生物柴油生产藻的构建来提高藻类的油脂转化效率，目前这方面没有相应的法规和道德底线。

2. 生物能源要可持续性不能以破坏生物多样性为代价

随着生物能源的发展，一些农业产业结构已经发生变化，这将对生物多样性构成威胁。如何评价和制定法规将是亟待解决的问题。

3. 生物能源要为减少静温室气体排放而是不气候变化

虽然人们期待生物能源可以对温室气体排放做出贡献，但是生物能源生产周期本身的排放问题也应作出合理的评估。

在生物能源领域技术的发展和政策框架体系建设及其真实的社会环境效应是2010年的主要话题，也是未来需要深入研究的问题。

（三）农业环境保护和粮食安全

在发达国家，由于相关法规的完善和土地资源的相对丰富，政府主导的环境生物技术在农业领域的研究主要集中机理研究上。在农业环境和市场方面，基本由企业主导。和发达国家不同,发展中国家的粮食安全和可持续发展由于人口问题成为各国关注的主要问题。我国因人口的压力，经过多年对土

地的高强度使用，在粮食的可持续发展方面已经达到了一个瓶颈期，同时环境也面临着巨大的压力。农业环境、粮食安全和可持续发展已成为亟待要解决和涉及国家安全的重大问题。

从原始的耕作方式到化肥施用和作物改良的三次革命已经达到了平稳期。和发达国家土地资源和粮食资源不同，如何在不断增长的人口压力下，保持我国粮食增长、农业环境安全和可持续发展，目前可选择的手段不多。高强度化肥、农药的使用导致农业生产来源的污染贡献越来越大，更为重要的是，土地的高强度使用正在导致土壤微生物生态系统的变化。国内外科学家的研究发现，不同施肥方式已经导致土壤中的硝化微生物群落结构发生显著变化。这种土壤微生物生态系统的变化对于粮食生产会产生什么样的影响将是科学家们关注的一个热点问题。

（四）全球地质演化、物质循环及全球气候变化

生物在物质循环中的作用历来是生态学和环境生物技术最为关注的主题之一。理解这一过程的本质是人类可持续发展和环境友好共处的基础。随着宏观生态学和地质学的日益发展，对微生物在物质循环中作用的认识日益突出。目前地质演化与物质循环的研究是以主要的物质元素为分类的，其中最主要的研究议题是碳循环和氮循环。

微生物在碳循环和氮循环的研究已有很久的历史，随着环境生物技术中微生物生态学的不断发展，不断在更新微生物多样性与物质循环的认识。由于碳氮循环也是影响全球气候变化的关键过程，近年来国内外科学家都对土壤和海洋微生物在碳氮循环中的作用及其对全球气候变化的响应给与了极大关注。陆地生态系统碳循环在全球碳收支中占主导地位，而由于人类活动的干扰，氮的有效性已经成为调控碳与气候变化反馈机制的重要因子，碳氮的生物地球化学循环和减缓温室气体排放已成为全球变化研究的热点问题。

八、食品生物技术产业

生物技术在食品工业中的应用可谓历史悠久。人类早在远古时代就会利用微生物发酵技术来制醋、做酱、酿酒等。1857年，法国科学家巴斯德发现了发酵过程是微生物作用的结果，此后相继出现了许多纯种微生物发酵工业，并形成了抗生素，氨基酸、有机酸、酶制剂、核酸及单细胞蛋白等发酵工业。上个世纪末以来，生命科学研究的不断进步更是为食品生物技术的发展提供了强大的驱动力（表3-19）。

表3-19 食品生物技术发展史上的重大事件

时间	技术发展
约公元前6000年	苏美尔和巴比伦人利用酵母制酒
约公元前4000年	埃及人利用酵母制作面包，中国人发现如何利用乳酸菌等生产奶酪、醋、酱油、酒
约公元1300年	阿芝台克人从湖中收获藻类作为食物来源
1673年	意大利医生雷迪（Francesco Redi）第一次用实验证明腐肉不能生蛆，蛆是苍蝇在肉上产的卵孵化而成的
1724年	列文虎克（Antoni van Leeuwenhoek）用自制的显微镜观察微生物，他是首位描述原生动物和细菌、并认识到微生物可以在发酵中起作用的科学家
1852年	发现玉米的异体受精
1863年	巴黎举办国际“玉米展”，展示了葡萄牙、匈牙利、叙利亚和阿尔及利亚的不同玉米品种
1871年	巴斯德发明了巴氏灭菌法：利用加热和酒精灭活微生物，但不破坏味道
1871年	德国生化学家霍佩塞勒（Ernst Hoppe-Seyler）发现了转化酶，该酶能加速食糖（蔗糖）转化为葡萄糖和果糖，直至今天仍广泛应用于制作甜味剂
1879年	威廉·詹姆斯（William James Beal）在实验室首次生产出杂交玉米
1884年	孟德尔死亡。经过整整8年（1856—1864）的不懈努力，终于在1865年发表了《植物杂交试验》的论文，提出了遗传单位是遗传因子（现代遗传学称为基因）的论点，并揭示出遗传学的两个基本规律——分离规律和自由组合规律
1897年	德国化学家布赫纳（Edward Büchner）用无细胞酵母提取物把糖发酵成酒精和二氧化碳，他把该提取物称之为zymase。这个重要的发现证明了酶制剂能够于酵母细胞外独立地起作用
1935年	贝勒泽斯基（Andrei Nikolaevitch Belozersky）首次分离了纯DNA
1953年	沃森（James Watson）和克里克（Francis Crick）首次阐述了DNA的双螺旋结构
1962年	墨西哥开始种植高产小麦
1970年	袁隆平在海南发现了野生稻雄花不育株“野败”（野生的雄性败育稻），之后由此培育了杂交水稻
1973年	科学家成功地将病毒DNA转移至细菌，从而创造了重组微生物
1980年	首个生物技术专利被授予：美国研究者获得利用遗传修饰的细菌生产人胰岛素的专利
1982年	加州大学伯克利分校的研究者要求美国政府批准利用基因工程菌控制马铃薯和草莓的冻害实验
1983年	基因工程植物被授予美国专利、PCR技术发明
1984年	DNA指纹图谱技术发明
1985年	基因科学（Genetic Sciences）公司遗传改造的微生物引入公司屋顶的树木
1986年	美国环保局批准首个基因工程作物
1994年	首个基因工程食物产品FlavrSavr®获美国食品药品监督管理局（FDA）批准
1997年	苏格兰的罗斯林研究所克隆了多莉羊
1998年	日本科学家克隆了8头牛，全球有4000万亩转基因作物种植
2003年	人类基因组图谱完成，转基因作物技术和克隆技术不断发展
2007年	美国食品药品监督管理局（FDA）认定，克隆动物食品的安全性与非克隆动物食品的安全性无差别
2009年以来	第三代转基因作物有望被开发

（一）食品产业

作为中国的传统工业之一，食品工业（包括农副食品加工业、食品制造业、饮料制造业、不含烟草制品）发展迅速，近年来的产业增速始终保持在20%以上。2010年，全国食品工业完成现价工业总产值6.31万亿元，比2005年增长208.1%，年均增长25.2%。2010年前三季度食品工业总产值与全国农、林、牧、渔业总产值之比为1.02：1，大大超过“十一五纲要”提出的0.8：1的发展目标。按

原统计口径，2010年全国食品工业规模以上企业达到41867家，比2005年增加17828家，增长74.2%，年均增长11.7%。2010年全国食品工业从业人员654万人，比2005年增加190万人，增长40.9%，年均增长7.1%。食品工业已成为解决就业改善民生的一支重要力量（图3-15）。

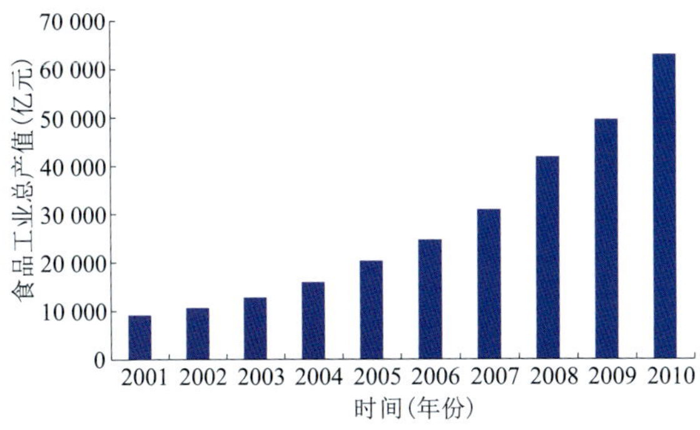

图3-15　2001—2010年我国食品工业总产值
来源：中国食品工业年鉴

表3-20　我国食品工业重点行业发展情况

食品工业重点行业	2010年食品工业总产值比2005年增长百分率（%）
粮食加工业	368.4
食用油加工业	185.1
液体乳及乳制品制造业	120.6
葡萄酒制造业	206.2
屠宰及肉类加工业	232.3
制糖业	124.5
方便食品制造业	239.4

来源：中国食品工业协会。

（二）重点行业

1. 粮食加工业

粮食加工业转化农产品数量大，产业关联度高，“十一五”期间中实现了大幅度增长，生产总量迈上新台阶。2010年全国规模以上粮食加工企业有6475家，实现现价工业总产值6335.09亿元，比2005年增长368.4%，年均增长36.2%。2010年全国规模以上粮食加工企业生产大米8244.4万吨，比2005年增长366.8%，年均增长36.2%；生产小麦粉10118.5万吨，比2005年增长153.4%，年均增长20.4%（表3-20）。

在粮食储藏领域，“十一五”期间，突破了储粮害虫抗药性基础研究瓶颈，完善了粮食干燥基础研究理论；创新了低温储粮基础理论研究方法和储粮通风技术基础理论；夯实了粮食产后损失及减损关键技术理论基础；创立了具有中国特色的储粮生态系统理论体系。粮食储备“四合一”新技术研究开发与集成创新项目获得2010年国家科学技术进步一等奖。以智能粮情检测、低剂量环流熏蒸、智能通风和高效谷物冷却四项技术为一体的“四合一”储粮新新技术成果，应用推广到全国31个省市区6000多万吨仓容的中央和地方储备粮库，取得290多亿元的经济效益。

在粮食加工领域，建立了大米与副产品深加工高效增值创新技术系统，大米加工设备研究与制造水平基本达到国际先进水平；国产小麦制粉设备主机制造技术水准在性价

比方面已超过国外公司；玉米生物转化技术研究及应用进一步深化，生物酶技术开发的成功明显缩小了我国玉米深加工技术与国际水平的差距；特色杂粮生产及加工利用技术研究与开发取得进展。2008—2010年获得中国粮油学会科学技术奖一等奖的项目包括：大米产业链创新技术、高效节能与清洁安全小麦加工技术研究与应用、MM型磨粉机等。

在粮食物流领域，初步建立了粮食物流供应链系统理论；粮食流通领域的通道网络化、过程四散化、作业机械化和管理信息化方面研究取得重大进展；研发国产大型粮食装卸、输送、接受和散粮进出仓等成套技术与装备。

在饲料加工方面，部分饲料产品和多种油脂产品饲料转化率达到了国际先进水平；特种水产饲料与特种水产品系列研发技术取得良好进展。如以豆粕为原料，针对其中抗营养因子的特性，采用微生物发酵技术，结合热处理技术，一次性去除多种抗营养因子，同时积累大量有益的代谢产物，获得优质的饲料。饲料加工工艺和设备制造技术接近国际先进水平，我国已成为世界最大的饲料装备技术制造国。

在粮油营养方面，强化面粉、强化大米与强化米面制品生产制造已进入工业化阶段；大豆分离蛋白、浓缩蛋白、组织蛋白产量已居世界前列。废弃物资源化和高值化利用取得良好进展，国内以生产大豆蛋白后的豆渣为原料，将大豆纤维经改性，增加溶解性，通过去杂、分离、纯化和干燥得大豆水溶性多糖，收率达到40%，废弃物资源化和高值化利用项目获得2010年度中国粮油学会科学技术奖二等奖。

发酵面食方面，作为配料之一的活性干酵母研究取得突破性发展，技术成果达到了国际先进水平；班产1吨、2.5吨、5吨的系列化馒头成套设备研发获得成功，馒头工业化生产关键技术集成创新研究与应用项目获得2010年中国粮油学会科学技术奖一等奖，馒头加工生产技术开始向现代工业化规模迈进。

2. 食用油加工业

我国是食用植物油生产和消费大国。“十一五”期间，通过引进和消化吸收生产技术和成套设备，推进装备国产化，我国食用油加工技术水平已达到国际先进水平。

2010年全国食用植物油产量3916.09万吨，比2005年增长142.9%，年均增长19.4%，实现现价工业总产值6076.8亿元，比2005年增长185.1%，年均增长23.3%（表3-20）。

从人均消费量上看，2010年全球人均年消费食用油16千克，美国32千克，欧盟27千克，我国是18千克。

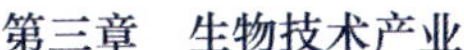

“十一五”期间，国产部分油脂设备技术性能指标已接近或达到国际同类产品水平；以大豆油精炼的副产物水化油为原料，开发出食品、保健、医药等工业用系列磷脂产品，质量水平达国际同类产品指标，形成了具有我国知识产权的磷脂加工产业体系，在20家企业建立了46条生产线，创经济效益20亿元。大豆磷脂生产关键技术及产业化开发项目获得2010年国家科学技术进步二等奖。

油脂加工领域的节能减排技术、低溶剂消耗、低能量消耗及热能回收等方面取得显著效果。同时，结合粮油营养理论研究成果，利用粮油中的营养素修饰基因表达或基因结果等方面取得一定进展，营养强化食用油制造技术已进入工业化生产阶段。

获得2010年度中国粮油学会科学技术奖的项目包括：日处理50吨米糠油精炼技术及成套设备（一等奖）、高含有油料膨化—预榨—适温脱溶成套技术及关键设备研究、大豆油等9种粮油标准物质的研制、双底油菜子制油新工艺、大型冷榨设备开发及饼粕综合利用、氢化大豆卵磷脂生产技术的产业化研究与开发等。

3. 液体乳及乳制品制造业

2010年全国液体乳及乳制品行业完成现价工业总产值1965.72亿元，比2005年增长120.6%，年均增长17.1%；乳制品产量2159.39万吨，比2005年增长64.8%，年均增长10.1%（表3-20）。乳业安全事件之后，国务院相继发布了《乳制品加工行业准入条件》、《奶业整顿和振兴规划纲要》、《关于在乳品行业开展项目企业审核清理工作的通知》等多项管理办法和文件，对该领域的企业进行了调整。根据国家质检总局的消息，截止2011年3月底全国有643家企业通过了生产许可重新审核，通过率不到55%；107家企业停产整改，426家企业未通过审核。

在人们消费需求升级和乳品安全事故频发的背景下，提高乳品的质量安全水平成为近年来科研开发的重点方向，乳品企业加强了从奶源基地、原料乳、加工到营销渠道建设等各个环节的管理和控制，进一步推动了行业整体科技水平的稳步提升。

2010年，66项乳品安全国家标准发布，新的乳品安全国家标准包括乳品产品标准15项、生产规范2项、检验方法标准49项。新标准以食品安全风险评估为基础，兼顾行业现实和发展需要，对现行乳品标准进行了整合，扩大了标准的覆盖范围，体现了《食品安全法》的立法宗旨，突出了安全性要求，与现行法规和产业政策相衔接，确保了政策的连续性和稳定性。66项乳品安全国家标准的发布实施为液体乳及乳制品制造业的持续、稳定发展提供了保障。

在奶牛饲养环节，乳品企业纷纷加大了奶源基地的建设力度，规模化、标准化的牧场建设加快推进。一些牧场奶牛饲养科学化管理水平和机械化挤乳效率大幅提升。

在液体乳/酸乳新产品开发方面，液体乳添加各类功能性配料或新的加工工艺的研发投入加大。如添加低聚果糖、DHA等以及采用LHT乳糖水解技术以满足老年人、儿童和乳糖不耐症者等特定消费人群的食用要求；添加品种丰富的各类水果、谷物、巧克力等满足消费者的口感需求。其中，特别值得关注的是酸乳产品中使用的高端特色益生菌菌种的开发和利用。在这一领域，国内已有少数企业开始了研究开发，自主研发的具有降血脂、减肥功效的植物乳杆菌（*Lactobacillus plantarum*）ST-Ⅲ已获批准成为可以在乳制品和乳酸菌饮料中使用的新资源食品 。

在乳粉产品方面，围绕母乳化、特殊化（如低敏配方的开发）的研发需求，婴幼儿配方乳粉各类营养元素的精细化配比技术研究和产品制造-流通-储藏-消费全过程品质营养化综合评价理论及技术成为乳品行业科技研发的重点。

4. 酿酒工业

酿酒工业是我国历史最悠久的传统工业之一，也是世界酒类品种较全、产业规模最大的国家。“十一五”期间酿酒行业产业结构、生产规模和科技水平发生显著变化，葡萄酒、果酒、黄酒工业优先发展，总量快速提高。2010年全国葡萄酒制造业完成工业总产值309.5亿元，比2005年增长206.2%，年均增长25.1%；葡萄酒产量108.9万千升，比2005年增长150.6%，年均增长20.6%（表3-20）。2010年全国黄酒制造业实现工业总产值116.8亿元，比2005年增长116.2%，年均增长21.6%；啤酒制造业稳定发展，啤酒产量五年年均增长7.9%,产值年均增长11.7%。2010年啤酒产量4483 万千升，同比增长6.3%，比2005年3185万千升增长了40.7%，主要品牌雪花、青岛、英博、燕京产量2596万千升，其中：雪花933万千升、青岛640万千升、英博518万千升、燕京503万千升，占全国产量的57.9%。白酒制造业积极开展科技创新、节粮降耗，行业取得长足发展，白酒制造业产值五年平均增长29.4%，产量年均增长达到20.6%，成为拉动地方经济建设和发展的重要产业。

截止到2010年，我国酿酒行业国家级企业技术中心已达到13家；组建了全国酿酒和白酒标准化技术委员会，以及行业共性、关键技术研究和标准化技术研究平台；在酿酒工业技术创新上取得了重要进展。主要包括：传统品牌食品制造规范化技术、酒精饮料安全性制造及过程控制、高端酒真实性识别与溯源、酒类产品及酿酒微生物功效评

价、现代分析快速检测、酒精饮料感官品评、绿色制造和清洁生产技术等方面。

由行业协会组织开展的“中国白酒169计划”项目任务基本完成，项目采用现代生物技术手段，围绕白酒产业共性、关键性科学技术问题进行创新性研究，建立了以风味化学物定向的功能微生物和酶技术的平台，对白酒中微量成分、白酒总风味化合物、白酒中异味化合物、白酒风味定向功能微生物以及年份白酒方面的研究取得了系统突破。针对传统酿酒企业机械化水平不高，生产方式亟须改造升级的现实，启动“中国白酒158计划”项目，以提升传统酿酒行业的竞争力。

在高端酒真实性识别与溯源技术研究领域，“饮料酒真实性判定前沿技术标准研究”项目构建了食品真实性识别的同位素分析技术平台。从原子水平上表征食品真实性，建立了白酒年份酒基酒识别、起泡葡萄酒识别、产地葡萄酒识别、复原果汁识别技术方法，突破了以往常规理化检测方法的技术局限。“挥发系数法鉴别年份酒”的方法获得2010年度中国食品科学技术学会科技创新奖技术发明二等奖，该方法从白酒中微量香味物质的挥发特性入手，探究酒体中微量香味物质、乙醇分子及水分子间的缔合关系以及随储存时间延长微量香味物质的挥发情况，取得了初步的成果。

在酒类产品及酿酒微生物功效评价技术领域，“典型香型白酒大曲评价体系和黄酒质量安全评价体系关键技术与应用”项目开展大曲微生物指标和风味物质指标研究，并围绕黄酒中潜在的安全风险成分氨基甲酸乙酯和生物胺开展检测方法研究，提出了黄酒中氨基甲酸乙酯安全性限量建议值，建立了黄酒EC含量预测模型及限量评价体系，制定了黄酒EC预防控制技术措施指南。

在酒精饮料安全性制造及过程控制领域，“工业生物制造安全性和标准化评价关键技术研究开发”项目围绕食品安全三个关键控制点真菌毒素、代谢污染物和农药残留，选择葡萄酒中赭曲霉素A（OTA）、黄酒中氨基甲酸乙酯（EC）和啤酒大麦农药残留等进行系统研究，提出了酒类安全制造措施指南，解决了酒类制造中潜在的安全性问题。“优势传统啤酒类制造业关键技术与应用”项目采用生物技术，解决影响我国啤酒行业发展的共性技术问题，在啤酒超高浓酿造、油脂纯生啤酒品质控制以及国产啤酒大麦制麦调控技术等方面展开研究，并进行产业化应用示范，在此基础上形成了相关的标准及技术规范。

在绿色制造和清洁生产技术方面。在全球倡导绿色低碳、和谐发展的背景下，酿酒行业积极响应国家节能减排政策，加强污染物减排集成技术、过程节水与废水回用技术、废弃物资源化和高值化利用技术的研究

与应用，以提升产业的清洁生产水平，降低资源能源消耗。如：啤酒行业的低压煮沸、低压动态煮沸技术、煮沸锅二次蒸汽回收技术、麦汁冷却过程真空蒸发回收二次蒸汽技术、啤酒废水厌氧处理产生沼气技术、再生水回用技术及深度处理技术、低压回路变频节电技术、热电联产与沸石储能系统组合产能技术；酒精行业的浓醪发酵技术、酒糟离心清液回配技术、糟液废水全糟处理技术、间接蒸汽蒸馏技术；黄酒行业的大罐发酵技术、米浆水回用技术和纯种制曲技术，葡萄酒行业的高效浸渍技术、快速发酵技术等，这些技术的研究和应用提高了我国酿酒行业资源能源的利用水平，降低了行业污染物的产生和排放，实现了经济效益、社会效益和环境效益的有效统一。

节能减排设备改造与研发技术领域。在消化吸收的基础上进行装备制造技术研发，包括新型膜分离设备、节能高效蒸发浓缩设备、高效结晶设备、高速和无菌罐装设备、膜式错流过滤机、高速吹瓶设备、新型高速贴标机等的开发和应用以及过程参数的自动控制系统、生产过程在线质量检测、产成品分析检测设备配置、布水布气系统等，为实现酿酒行业生产过程的系列化、系统化、标准化奠定基础。

5. 屠宰及肉类加工业

2010年全国规模以上屠宰及肉类加工企业4060家，实现现价工业总产值7456.92亿元，比2005年增长232.3%，年平均增长27.1%（表3-20）。

2010年大中型屠宰及肉类加工企业371家，实现工业总产值3644.74亿元，占全行业比重48.9%；占全行业九成以上的小型企业，实现产值占比51.1%。生产集中度比2005年提高14.9个百分点。2010年畜禽屠宰业生产鲜冻肉2116.8万吨，实现现价工业总产值4485.3亿元，比2005年增长257.0%，年平均增长25.2%。2010年肉制品加工业实现工业总产值2971.6亿元，比2005年增长180.0%，年均增长22.9%。

在畜禽屠宰领域，“畜禽屠宰加工设备与骨血产品开发及产业化示范课题“从现代化屠宰机械的国产化、冷库节能降耗、提高肉制品加工设备精度和自动化程度入手，开发具有自主知识产权的屠宰设备及同步接续式真空采血装置。通过研究超细粉碎技术以及冷冻、挤压、冲撞粉碎等技术制备超细鲜骨粉和骨泥，生产速溶全骨复合物、超细鲜骨粉多肽和氨基酸营养液、营养料包和系列调味产品。同时，研究各类畜禽血连续抗凝和分离技术，确定低温连续分离工艺技术，改进完善分离条件，提高血液的分离效果，血浆和血球的有效分离率达到96%以上。并通过建立牛屠宰示范线、羊屠宰示范线、生猪屠宰示范线、骨生产示范线以及血液生产

示范线达到了产业化示范作用。

低温肉制品与传统肉制品生产领域，以无淀粉、不添加胶体和非肉蛋白的高档低温肉制品研究为主导，重点研究滚揉、斩拌乳化、升温程序等关键工艺及理化因素和辅料对产品品质的影响，优化低温肉制品关键操作工序参数和工艺配方，形成低温肉制品生产成套技术，建立严格的质量管理体系；低温肉制品综合保鲜技术研究，以天然、高效的生物保鲜剂、抑菌剂为主，结合化学防腐剂，研究复配型防腐保鲜剂；此外，低温肉制品日产20吨工业化生产示范工程的建设已经完成。

在发酵肉制品领域，肉品高活性发酵剂制造核心技术研究与开发项目取得良好进展。通过新型肉品发酵剂的应用改变我国发酵肉品生产一直依赖自然接种的落后方式，克服了发酵肉品质量不稳定、生产周期长等问题，提高发酵肉品品质和食用安全性，提高了我国发酵肉品的国际竞争力，促进了肉类工业的可持续发展 。

2010年，行业发布了肉类加工行业清洁生产技术推行方案，从加工及配套设备和加工技术两方面入手，通过肉类加工行业清洁生产重点技术推广应用（如风送系统、节水型冻肉解冻机、现代化生猪屠宰成套设备、新型节能塑封包装技术与设备、畜禽骨深加工新技术、猪血制蛋白粉新技术、肉类产品冷冻、冷藏设备节能降耗技术等），实现全行业节约用电1153万千瓦时/年；节约用水22 515.5万吨/年，减少包装用铝丝2.6万吨/年；减少废水排放量21390万吨/年，减少COD排放量7.4万吨、氨氮排放量0.4万吨，减少固体废物排放量6.25万吨/年的目标 。

6. 制糖业

我国食糖供应多年来一直是国产为主、进口为辅。“十一五”期间国内食糖产量增速较慢，尚不能满足居民消费和食品工业发展对食糖需求的增长。

2010年制糖业实现现价工业总产值810.7亿元，比2005年增长124.5%，年均增长17.5%。2010年全国食糖产量1105万吨，比2005年增长15.4%，年平均增长2.9%。2010全国进口食糖176.6万吨，同比增长65.9%；五年中进口食糖615.2万吨，相当于同期市场供应总量的13.8%（表3-20）。

利用科技创新，延伸产业链，推动产业优化升级是制糖业近几年来的技术研发重点方向。针对单一产品为主的模式难以有效利用和调节甘蔗资源的现实，制糖业近年来大力加强了原料的非食品利用研发和应用，推动“糖能联产”的发展。例如用甘蔗生产燃料乙醇、高浓度糖醇废水沼气发电技术。另外，制糖原料综合利用技术在产业界广泛应用。以甘蔗渣为原料专业生产功能糖和稀有糖，2万吨木糖、木糖醇联产2000吨L-阿拉

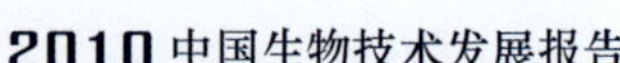

伯糖建设项目已经动工兴建。

7. 方便食品制造业

方便食品制造业经过“九五”、“十五”的高速成长，“十一五”期间仍保持高速增长，已成为生产规模较大，产品类别齐全，科技水平较高的行业。

2010年全国方便食品制造业完成现价工业总产值1919.9亿元，比2005年增长239.4%，年均增长27.7%。方便面产量688.1万吨，年均增长16.0%；速冻主食品产量297.9万吨，比2006年增长111.3%，4年年均增长20.6%（表3-20）。

方便食品的安全性研究领域，主要集中在即食食品的微生物安全问题和化学危害物质研究方面，如由多种抑菌剂混合而成的食品添加剂喷洒于肉禽制品上，用于防止单核细胞增李斯特菌（*Listeria monoaytogenes*）以及方便食品容器中苯乙烯聚合物迁移到食品中对内分泌的破坏作用的分析评估研究。

在方便食品营养价值研究方面，近年来逐渐兴起了营养谷类面制品、“非油炸”面、维生素强化面和杂粮面等新产品的开发和技术研究。

在方便食品品质评价技术方面。研究发展了基于ETHT的pH微电极，可用于方便面生产过程中大量样品的快速检测等多项新技术；将宏观的压缩试验、拉伸试验和微观的蠕动流变试验结合技术，针对面条及面制品质构综合评价研究取得良好进展。

在方便食品加工技术方面。方便面生产中相关的新技术主要体现在原料复配、过热蒸汽干燥、流态化干燥（非油炸）、发酵处理等方面；在方便米饭生产中，经典的Ozai-Durrain方法，即“浸泡-煮-蒸-干燥”技术有了较大改进，开发了瞬时控制压降和连续压降联合的大米脱水技术、用以提高产品复水性能的大米湿法膨化技术、超能米（重组米）技术等也有了良好进展；另外，开发具有功能性的冷冻面团及焙烤食品也具有广阔市场空间。

发展方便食品新型包装，降低环境污染，提高方便食品安全性是方便食品技术研究的重点方向，目前多采用可降解的材料，如以淀粉为主料生产含有高分子降解物质的包装材料。另外，耐微波作用的包装盒、单人份包装、便携式汤料、自加热容器、可烘烤材料等的发展，推动了我国方便食品产业的迅速扩大。

“十一五”期间，除上述列举的行业外，食品工业中的其他类行业也都取得了令人瞩目的发展成就。例如，烘焙制造业、软饮料制造业和精制茶制造业等，现价工业总产值及主要产品产量年均增长都在20%以上。

目前，我国共建成食品产业相关国家级工程中心44家，建立国家级农业科技园区63

家。截止2010年，我国已有235所高校设有食品类专业，比2008年新增30所高校。食品类高校已有3人入选国家“千人计划”，在食品科学技术领域进行研究的中国工程院院士有5位。在长江学者计划等国家和省市各地人才计划的带动下，我国食品类高校师资队伍规模、结构和质量不断优化，学术梯队快速组建。2005—2010年，食品科学与工程专业获得全国优秀博士学位论文奖的有5篇，提名7篇 。截止到2010年，我国食品领域有效专利数量达到11873件 。2010年，国家科学技术进步奖奖项共有214项，其中有9项与食品科学技术直接相关，包括一等奖1项；中国食品科学技术学会科技创新奖技术发明一等奖有“直投式功能菌发酵泡菜关键技术研究与应用”、“微型冷库及葡萄保鲜产业化技术”、“高压二氧化碳设备研制及应用”等三项，技术进步一等奖有食源性有害物质多靶标同步快检与纳米增敏技术及免疫快检产品研制、食品安全危害物高效检测新技术及产品研发等6项；其他包括中国粮油学会科学技术奖、中国商业联合会科学技术奖、中国营养学会科学技术奖、中国轻工业联合会科技进步奖等获奖成果共计28项（见附录中的表）。

参考文献

[1] Fallgren PH & Jin S. Biodegradation of petroleum compounds in soil by a solid-phase circulating bioreactor with poultry manure amendments. Journal of Environmental Science And Health Part A-Toxic/Hazardous Substances & Environmental Engineering. 2008, 43(2): 125-131

[2] GlobalData. Global Biodiesel Market Analysis and Forecasts to 2020. 2010. 2

[3] Moser BR. Biodiesel production, properties, and feedstocks. N Vitro Cellular & Developmental Biology-Plant, 2009, 45(3): 229-266

[4] Sakar S, Yetilmezsoy K, Kocak E. Anaerobic digestion technology in poultry and livestock waste treatment-a literature review. Waste Management & Research. 2009, 27(1): 3-18

[5] Stephanopoulos G. Challenges in engineering microbes for biofuels production. Science. 2007, 315: 801

[6] Yetilmezsoy K, Sakar S. Improvement of COD and color removal from UASB treated poultry manure wastewater using Fenton's oxidation. Journal Of Hazardous Materials. 2008a, 151(2-3): 547-558

[7] Yetilmezsoy K, Sakar S. Development of empirical models for performance evaluation of UASB reactors treating poultry manure wastewater under different operational conditions. Journal of Hazardous Materials. 2008b, 153(1-2): 532-543

[8] Yetilmezsoy K, Ilhan F, Sapci-Zengin Z, et al. Decolorization and COD reduction of UASB pretreated poultry manure wastewater by electrocoagulation process: A post-treatment study. Journal of Hazardous Materials. 2009, 162(1): 120-132

[9] Walker M, Banks CJ, Heaven S. Development of a coarse membrane bioreactor for two-stage anaerobic digestion of biodegradable municipal solid waste. Water Science Technology. 2009, 59(4): 729-735

[10] Wang ZW, Wu ZC, Mai SH, et al. Research and applications of membrane bioreactors in China: Progress and prospect. Separation and purification technology. 2008, 62(2): 249-263

[11] Wichern M, Lübken M, Horn H. Optimizing SBR reactor operation for treatment of dairy wastewater with aerobic granular sludge. Water Science and Technology. 2008, 58 (6): 1199-1206

[12] Vyridesa I, Stuckey DC. Saline sewage treatment using a submerged anaerobic membrane reactor (SAMBR): Effects of activated carbon addition and biogas-sparging time. Water Research. 2009, 43(4): 933-942

[13] 靖飞，李成贵. 跨国种子企业与中国种业上市公司的比较与启示. 中国农村经济. 2011,(2):52-59,73

[14] 魏源送，郑祥，刘俊新. 国外膜生物反应器在污水处理中的研究进展. 工业水处理, 2003, 23(1): 1-5

[15] 2010年全球十大药企研发投入与研发状况简析. 中国医药报 2011-3-24

第四章 生物技术产业投融资

充足的资金和资本是高技术产业高速发展的引擎。2010年，国际生物技术产业投融资形势走出了2009年全球经济危机带来的低迷，创业风险投资、资本市场融资和企业间并购更加回归价值理性，企业间合作成为重要的创新和融资渠道，投融资形势正缓慢转型。我国生物技术产业投融资形势持续向好，企业IPO、并购、产业基地建设等均有不俗表现，新型科技和金融结合试点工作不断推进，但从整个产业链的角度来看，融资渠道各个环节间的风险/价值发现功能还未能有机耦合，影响到生物技术企业的融资效率和产业竞争力的提升。

一、全球投融资发展态势

（一）整体投融资形势稳中有升

2010年，全球生物技术企业共融资663.1亿美元，这也是2000年“基因组泡沫”破裂以来全球生物技术企业融资的最高峰。其中企业间合作融资301.1亿美元，占45.4%，成为首要的融资渠道。基于资本市场的融资307.8亿美元，占44.7%，位居第二。债券（债务）融资224亿美元，占33.8%，与2009年相比，大幅增长了131%。创业风险投资54.1亿美元，占8.2%。

（二）创业风险投资平稳发展

生物技术产业作为战略性新兴产业之一，一直是创业风险投资者重点关注的领域。在全球经济危机来临前的2007年，全球生物技术产业创业风险投资额达到近10年来的顶点67.9亿美元。在全球经济危机的冲击下，这个数值在2008年和2009年分别跌至52.4亿美元和51.5亿美元。2010全球创业风险投资规模缓慢回升至54.1亿美元（表4-1）。

从区域来看，美洲地区依然是生物技术产业创业风险投资最为活跃的区域，2010年总投资额38.78亿美元，占全球生物技术创业风险投资的71.7%。欧洲地区近年来生物技

术产业风险投资一直徘徊在100宗左右，投资规模占全球生物技术产业创业风险投资的27.7%，是全球生物技术产业创业风险投资的重要一极。比较而言，亚太地区的创业风险投资市场不太活跃。

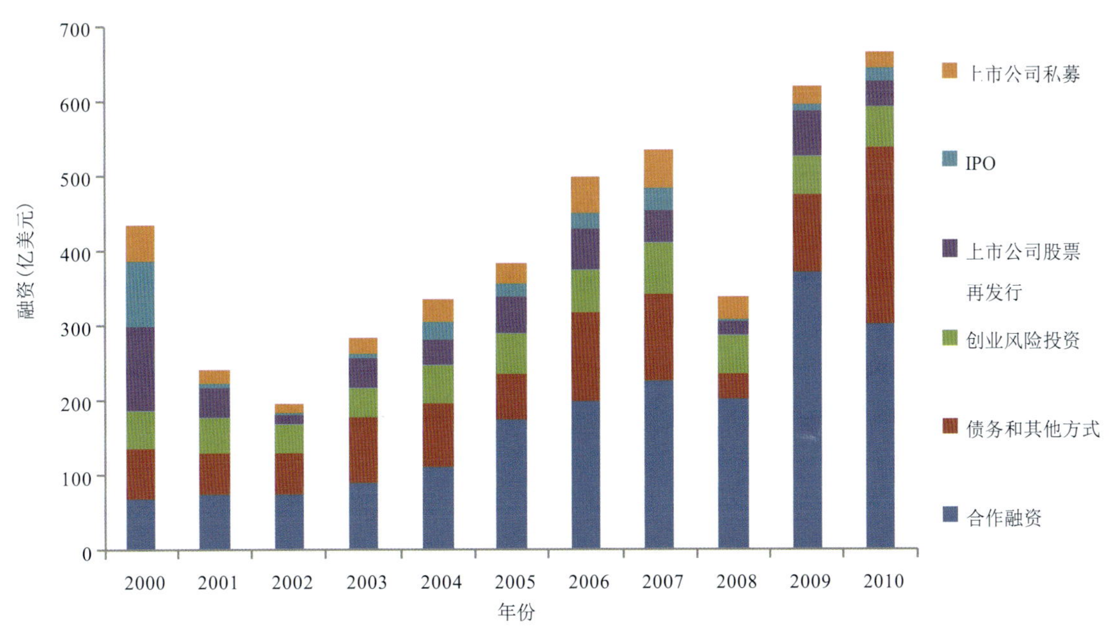

图4-1 全球生物技术产业投融资规模（2000—2010年）

数据来源：*Nature Biotechnology*，2010—bumper year for big biotech；合作融资方式仅包括美国公司

表4-1 全球2006—2010年创业风险投资轮次和规模（单位：次；百万美元）

	2006年		2007年		2008年		2009年		2010年	
	轮次	规模	轮次	规模	轮次	规模	轮次	规模	轮次	规模
美洲地区	213	4 444	228	5 186	214	4 032	209	4 104	225	3 878
欧洲地区	87	1 191	108	1 469	103	1 152	89	980	104	1 464
亚太地区	8	45	11	134	6	57	5	62	6	67

资料来源：*Nature Biotechnology*，2010—bumper year for big biotech

具体到每个投资案例，美国Gen-Probe公司对美国Pacific Biosciences公司（主营新型基因测序技术开发）、丹麦Novo Growth Equity公司对英国Archimedes医药公司的创业风险投资规模较大，均在1亿美元左右，表现为对投资企业的中晚期私募股权投资。而德国AiCuris公司（主营抗感染药物开发）、德国immatics公司（主营新型抗癌疫苗）、美国Relypsa公司（主营新型聚合药物开发）则分别获得多家投资机构的早期投资（见表4-2）。

表4-2　2010年生物技术产业大型创业风险投资案例

融资公司	主要投融资方	规模（百万美元）	轮次	交易日期
美国Pacific Biosciences	美国Gen-Probe公司	109	第6轮	7月14日
英国Archimedes	丹麦Novo Growth Equity	98	—	3月2日
美国Reata	CPMG集团, 丹麦Novo A/S	78	第7轮	7月12日
德国AiCuris	德国Santo Holding, 德国拜耳集团	75	第2轮	4月14日
德国immatics	MIG基金等	70	第3轮	9月21日
美国Relypsa	美国OrbiMed公司	70	第2轮	9月13日

资料来源：*Nature Biotechnology*，2010—bumper year for big biotech

（三）全球IPO市场缓慢复苏

资本市场是生物技术企业的重要融资平台。2010年，全球共有31家生物技术企业在资本市场进行股票首次公开发行（IPO），共募集资金16.13亿美元（表4-3）。相比于经济危机时期2009年的10家和9.28亿美元，2010年全球生物技术企业IPO市场正逐渐复苏。

表4-3　全球2006—2010年生物技术企业IPO数量和规模（单位：次，百万美元）

	2006年		2007年		2008年		2009年		2010年	
	数量	融资规模	数量	融资规模	数量	融资规模	数量	融资规模	数量	融资规模
美洲	26	1 063	24	1 435	1	6	4	705	18	1 284
欧洲	21	869	21	1 055	3	116	3	158	9	230
亚太地区	3	98	7	585	2	12	3	65	4	99
总计	50	2 030	52	3 075	6	134	10	928	31	1 613

资料来源：*Nature Biotechnology*，2010—bumper year for big biotech

这些企业涉及仪器设备、生物燃料、生物医药等多个领域，但IPO融资规模普遍较小（表4-4）。融资规模较大的IPO企业只有Ironwood医药公司和Pacific Biosciences公司两家，融资规模在2亿美元左右。其余IPO上市生物技术企业融资规模均在1亿美元以下，如从事医用生物材料研发的Reva Medical公司、从事生物燃料开发的Amyris公司、从事再生医学研发的Tengion公司等。与美洲地区IPO平均融资规模7000万美元相比，亚太地区生物技术企业IPO融资规模则更小，平均只有2400万美元。如日本CellSeed公司（主营生物医药）的1350万美元和韩国Seegene公司（主营仪器设备）的1750万美元。

表4-4　2010年生物技术公司IPO案例

公司	融资额（百万美元）	所属领域
美国Ironwood	215.6	医药
美国Pacific Biosciences	200.0	仪器设备
美国Aveo	89.7	医药
美国Reva Medical	85.3	医用生物材料
美国Amyris	84.8	生物燃料
美国Tengion	30.0	再生医学
日本CellSeed	13.5	生物医药
澳大利亚Cbio	6.2	生物医药
韩国Seegene	17.5	仪器设备

资料来源：①*Nature Biotechnology*，2010—bumper year for big biotech；②*Nature Biotechnology*，Above water in Q1；③*Nature Biotechnology*，2010—spreading the wealth；④*Nature Biotechnology*，Biotech rallies in Q3

（四）并购市场开始理性降温

生物技术产业的发展成熟必然伴随着企业间的并购重组，资本和技术的集中以及市场占有率的提升有助于增加企业的竞争力以及降低成本。在全球经济危机前的生物技术产业快速扩张期和经济危机时期，曾发生几轮大规模的并购潮，如日本武田制药在2008年以82亿美元收购美国千年（Millennium）制药公司、瑞士罗氏公司在2009年以486亿美元收购美国基因泰克（Genentcch）公司等。随着优质并购对象的不断减少以及并购方的理性回归，曾经火爆的并购热潮正逐渐褪去。

2010年，全球生物产业公司并购市场仍保有一定的亮点（表4-5），如德国默克公司以56亿美元收购主要从事生物仪器设备研发的美国密立博公司，日本第二大制药商安斯泰来（Astellas ）公司以40亿美元收购美国从事药物研发销售的OSI Pharma 公司、美国强生公司以24亿美元收购荷兰主要从事新型疫苗开发的Crucell公司等。

表4-5　2010年生物技术公司并购案例

被并购公司	并购方	交易额（百万美元）	所属领域
美国密理博（Millipore ）	德国默克公司	5 600	仪器设备
美国OSI Pharma	日本Astellas 公司	4 000	药物
美国Talecris	西班牙Grifols	3 400	血浆蛋白
美国Valeant	加拿大Biovail	4 800	药物
美国Abraxis	美国Celgene	2 900	药物
荷兰Crucell	美国强生	2 400	疫苗
美国Dion[illegible]	赛默飞世尔	2 100	仪器设备
美国ZymoGenetics	美国百时美施贵宝公司	885	药物
比利时Movetis	英国Shire制药公司	560	药物

资料来源：①*Nature Biotechnology*，2010—bumper year for big biotech；②*Nature Biotechnology*，Above water in Q1；③*Nature Biotechnology*，2Q10—spreading the wealth；④*Nature Biotechnology*，Biotech rallies in Q3

从整体上看，并购市场的国际化、多样化进一步发展。美国和欧洲的大型医药企业依然是主角，日本的大型制药企业也频露头角。参与并购的企业主要分布在仪器设备和药物领域，血液制品和疫苗企业也颇受重视。

（五）企业间合作融资提速

随着生物技术产业中各类投资者的成熟，创业风险投资、资本市场融资和并购市场在生物技术产业投融资体系中的功能定位日趋明晰。对需要保持充足现金流来维持研发的中小生物技术企业的投资而言，企业间合作融资正逐渐成为主流。对于合作方而言，企业间技术合作和外部专利许可授权，有助于降低企业内研发成本，实现开放创新。此外，通过企业间合作，也有助于发现合适的并购对象。

2010年，全球生物技术企业间合作融资规模达到301.1亿美元，占生物技术产业整体融资规模的45.4%，超过债券融资（2010年债券融资规模224亿美元），成为最主要的融资方式。

如表4-6所示，2010年，全球企业间（通过专利许可、共同开发或商业化等形式）合作融资规模超过10亿美元的案例在8宗以上，典型代表有德国勃林格殷格翰公司与美国MacroGenics公司之间的合作、美国Cephalon公司与澳大利亚Mesoblast公司之间的合作、英国葛兰素史克公司与美国 Isis公司之间的合作等。合作领域主要为围绕疾病候选药物开发，疾病涉及罕见及传染性疾病、肿瘤、风湿性关节炎、肥胖等，药物类型则包括抗体药物、干细胞、新型多肽药物、疫苗、小RNA药物和新型光谱类抗菌药物等多种形式。

表4-6　2010年国际生物技术产业部分企业合作融资案例（单位：百万美元）

研究/许可方公司	被许可方	交易额	交易内容
美国MacroGenics	德国勃林格殷格翰	2160	开发、商业化生物特异性抗体药物
澳大利亚Mesoblast	美国Cephalon	2050	开发、商业化Mesoblast公司成体干细胞技术来源产品
奥地利f-star	德国勃林格殷格翰	1723	开发f-star公司抗体技术来源药物
美国 Isis	英国葛兰素史克	1500	开发靶向RNA的罕见疾病及传染性疾病药物
美国Arena	日本卫材	1370	销售Arena公司肥胖药物
美国Rigel	英国阿斯利康	1300	药物fostamatinib开发和商业化的全球授权
美国Aileron	瑞士罗氏	1125	利用固化多肽技术，开发5类疾病领域候选药物
美国TransTech Pharma	美国Forest Laboratories	1100	一种作用于肝的葡糖激酶激活剂的开发和商业化
法国Transgene	瑞士诺华	963	癌症疫苗TG4010开发和商业化的全球性、排他许可期权
美国Regulus	法国赛诺菲安万特	>750	用于4类疾病领域的小分子核糖核酸（microRNA）药物开发
比利时Galapago	瑞士罗氏	589	慢性阻塞性肺部疾病新药开发
瑞士Basilea	日本Astellas	514	共同开发光谱类唑类抗菌剂

资料来源：①*Nature Biotechnology*，2010—bumper year for big biotech；②*Nature Biotechnology*，Above water in Q1；③*Nature Biotechnology*，2Q10—spreading the wealth；④*Nature Biotechnology*，Biotech rallies in Q3

二、中国生物技术产业投融资

（一）国家科技计划投资

2010年，国家科技计划继续围绕落实《国家中长期科学和技术发展规划纲要（2006—2020）》，积极实施科技重大专项、国家重点基础研究发展计划、国家高技术研究发展计划、国家科技支撑计划以及各类政策引导类计划等，继续推动我国生物技术的高速发展。在新药创制、传染病防治、转基因等3个科技重大专项；国家高技术研究发展计划生物和医药技术领域；国家重点基础研究发展计划人口与健康领域（及蛋白质研究、发育与生殖研究、干细胞研究等3个重大科学研究计划）；科技支撑计划人口健康领域；国际科技合作计划生命科学技术领域（含中医药等）；国家科技基础条件建设医药领域；科技型中小企业技术创新基金生物与医药领域；火炬计划生物工程与新医药领域以及高技术产业化专项微生物制造；绿色农用生物产品领域等，投入大量资金，推动了生物技术领域的科技攻关和社会经济的持续协调发展。

（二）创业投资表现抢眼

2010年，中国生物技术创业投资市场表现抢眼，创业风险投资（和私募股权投资）共56宗，总融资额10.13亿美元，平均单笔融资额1800万美元。与2009年总融资额3.18亿美元和平均单笔融资额720万美元相比，融资规模却巨增了218%，平均单笔融资额增长了150%。

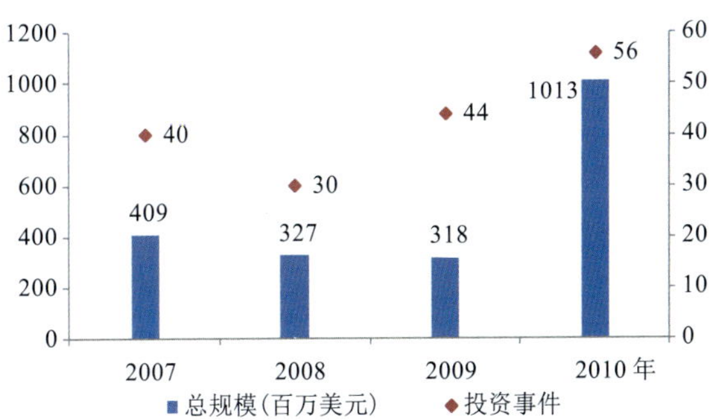

图4-2　中国生物技术创业投资轮次和规模（2007—2010年）

数据来源：ChinaBio

从投资领域来看，主要分布在生物医药、医疗器械和设备领域，工业生物技术、农业生物技术和环境生物技术领域则相对较少。从具体投资方式来看，主要表现为企业上市前的私募股权投资。

表4-7　2010年中国生物技术企业部分创业风险投资案例

融资生物技术企业	主要投资机构	融资规模	所属领域
浙江贝达药业	礼来亚洲风险投资基金	—	生物医药
中德美联生物	江苏高德创投	2000万元人民币	生物检测
甘李药业	启明创投	>1亿元人民币	生物医药

续表

融资生物技术企业	主要投资机构	融资规模	所属领域
傲锐东源	IDG-Accel等	1600万美元	生物医药
天津国韵生物	—	—	新型可降解绿色材料
步长制药	领航资本	500万美元	生物医药
珠海亿邦制药	昆吾九鼎投资	8000万元人民币	生物医药
上海生工生物工程技术服务有限公司	启明创投	1000万美元	分子生物学研究服务
恒惠科技有限公司	软银中国	1000万元人民币	医疗设备
创生控股	建银国际	1700万美元	医疗器械

数据来源：清科集团；China Venture；投资潮

相比于国际生物技术产业创业风险投资市场的表现平平，中国2010年生物技术产业创业风险投资则显得火爆。主要原因可能有3个：医疗制度改革带来的医药市场发展；国家政策的不断扶持；国家资本市场日益完善等。但是，与国际生物技术先进企业相比，我国的生物技术企业技术或产品大多面向本土市场，与国际技术前沿尚有一定差距。同时，中国创业风险投资机构多选择私募股权投资，致使处于创业阶段的生物技术企业面临较大的资金链断裂风险。

（三）多层次资本市场支持生物技术企业上市

随着我国经济社会的不断发展，资本市场也日趋成熟，基本形成了包括上海证券交易所主板、深圳证券交易所中小企业板、创业板，以及“新三板”市场等在内的多层次资本市场。此外，香港和海外证券交易市场也进一步拓宽了中国生物技术企业的融资渠道。2010年，中国生物技术（含医疗健康）企业资本市场融资（主要是IPO融资）58.55亿美元，IPO企业38家，其中海外上市12家，大陆境内上市26家。

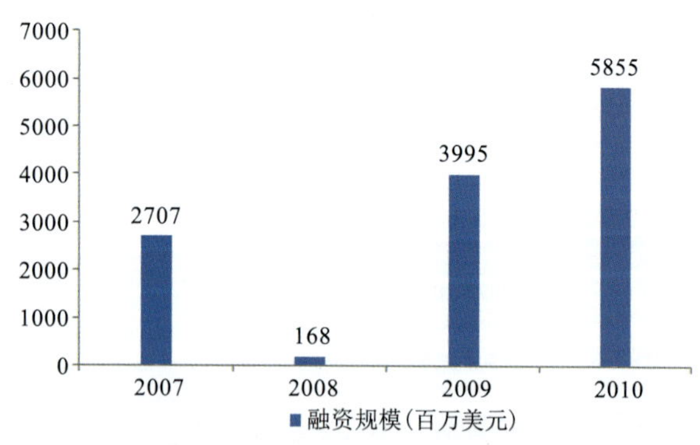

图4-3　中国生物技术企业IPO规模（2007—2010年）

数据来源：ChinaBio

从IPO企业所属领域来看，大多分布在生物医药和医疗设备领域，包括化学药、疫苗、新型医疗器械等（表4-8）。另外，继药明康德之后，尚华医药研发服务集团成为第二家在美国纽约证券交易所上市的国内医药合同研发外包（CRO）企业。

表4-8　2010年中国生物技术企业IPO案例

	上市地点	IPO融资规模	所属领域
重庆智飞生物	深圳证券交易所创业板	14亿元人民币	疫苗研发
上海微创医疗	香港联合交易所主板	14亿港币	医疗设备
深圳海普瑞	深圳证券交易所中小企业板	57亿元人民币	化学药品原药制造
天津力生制药	深圳证券交易所中小企业板	20亿元人民币	化学药、原料药等
北京大北农科技	深圳证券交易所中小企业板	21.28亿元人民币	综合性农业高科技企业，主营农作物育种等
康辉医疗	美国纽约证券交易所	4690万美元	医疗设备
尚华医药研发服务集团	纽约证券交易所	8700万美元	医药研发外包
云南沃森	深圳证券交易所创业板	4.2亿元人民币	疫苗

数据来源：清科集团；China Venture；投资潮

（四）产业并购快速升温

2010年中国生物技术产业并购市场快速升温，共发生并购交易64宗，交易额34.05亿美元。相比2009年23宗并购交易和4.4亿美元的交易额，中国生物技术产业并购市场正飞速发展（图4-4）。

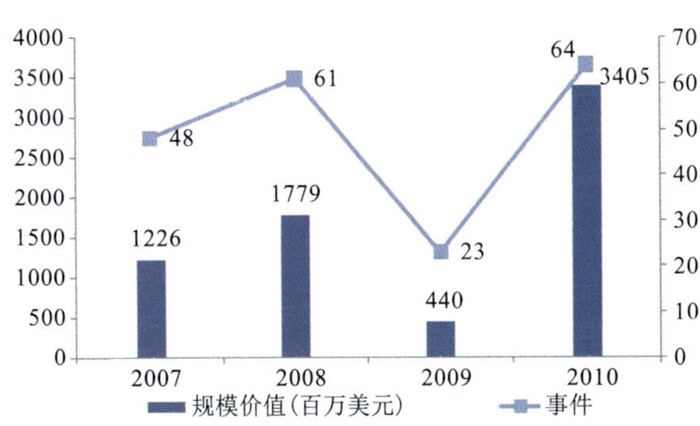

图4-4　中国生物技术产业并购市场（2007—2010年）

数据来源：ChinaBio

导致中国并购市场的快速升温原因主要有两个：第一，大型医药企业集团内部业务结构的重新整合，导致并购市场交易额迅速攀升，如上海医药对母公司上药集团部分业务的收购交易额达38亿元（表4-9）；华润医药收购北京医药集团虽未公开细节，但交易也有较大规模。第二，国际医药巨头对占领中国医药市场的热情高涨，外资医药企业越来越重视快速增长的中国市场，国内生物医药企业成为重要并购对象。如法国赛诺菲安万特公司重金收购中国梅华太阳石集团公司，英国葛兰素史克公司收购南京美瑞公司等。此外，受反市场垄断政策限制，带动中国生物医药企业收购外资企业部分业务，如哈药集团收购美国辉瑞公司部分疫苗业务等。

表4-9 2010年中国生物技术企业并购案例

并购方	并购对象	交易额	有关内容
上海医药公司	上药集团部分业务	38亿元人民币	抗生素业务、收购中信医药实业有限公司
法国赛诺菲安万特	中国美华太阳石集团公司	5.206亿美元	非处方药生产兼分销
瑞士奈科明公司	广东天普生化医药	2.1亿美元	收购51.34%股份
英国葛兰素史克	南京美瑞公司	1亿美元	将获得美瑞制药的品牌、销售和营销人员
中国医药集团	上海医药工业研究院	—	国资企业布局调整
哈药集团	美国辉瑞部分业务	5000万美元	辉瑞公司猪支原体肺炎疫苗项目
中国中化集团	荷兰Royal DSM公司	2.78亿美元	收购抗感染药剂业务50%的股权
美国查士睿华	无锡药明康德公司	16亿美元	并购流产
仁和药业	闪亮制药	2.09亿元人民币	收购100%股权
莱美药业	康源制药	1.7亿元人民币	收购100%股权

数据来源：清科集团；China Venture；投资潮

上海医药工业研究院作为央企序列中唯一的医药行业科研院所，整体并入中国医药集团总公司，成为其全资子企业。2010年初，美国查士睿华公司提出以16亿美元的价格并购药明康德，虽然最后交易没有完成，但将国际投资者对中国CRO企业的并购热情推向了高潮。

（五）各地产业基地建设热情高涨

2010年，我国生物产业基地建设持续高涨。据不完全统计，全国至少有11个省、直辖市宣布参与各种类型生物产业基地（包括产业园、生物谷、医药城）的投资建设，意向投资额530亿元（表4-10）。

从区域上看，我国生物产业基地建设主要分布在沿海、沿江及东北老工业区一带，如吉林、辽宁、河北、山东、江苏、上海、广东等。传统产业基地，如北京大兴生物医药产业基地、湖北武汉光谷生物城、天津滨海新区现代药谷等则继续引进新项目、完善平台建设等。

表4-10 2010年公开的部分产业基地融资情况

省市	基地（谷、城、园）	简要内容
江苏	昆山小核酸产业基地	投入2亿元建立公益性非营利的小核酸研究所与孵化实体；12家企业入驻产业基地
北京	大兴生物医药产业基地	中国药品生物制品检定所正式迁址大兴；2010年3月，获科技部“重大新药创制”科技专项支持，总金额达5.2亿元，项目内容包括创新药物的研究与开发、大品种工艺提升和改造、新药研发的关键技术、公共服务平台建设
天津	天津滨海新区现代药谷	国家财政1亿元支持的“创新药物研究开发综合性大平台建设”项目中生物药中试药品生产质量管理规范工厂开建；中科院工业生物技术研发中心、国家干细胞工程技术研究中心落地

续表

省市	基地（谷、城、园）	简要内容
湖北	武汉光谷生物城	深圳华大基因、上海药明康德、美国辉瑞、国药集团等入驻
安徽	中国（芜湖）生命健康城	投资2亿元的"北科生物干细胞项目"占地100亩，建成后每年可保存干细胞样本5000份，可提供临床科研用的干细胞，并建立细胞抗衰老中心
河北	以岭生物医药产业园	占地600亩的以岭生物医药产业园和院士工作站，将成为一个涉及中药提取、中药制剂、国际制剂、公用工程楼、国际包装等大规模生产基地
江苏	泰州中国医药城	70个项目集中签约，10个项目已竣工投产。签约的70个项目总投资近100亿元。其中，科研类项目22个，产业化项目26个，平台支撑类项目13个，综合配套类项目9个
上海	上海聚科生物园区	2010年6月，上海聚科生物园区二期建设工程即将竣工，预计9月底前投入使用
江苏	常州生物医药孵化器	项目总投资5.2亿元，分二期建设，以"创新药物、诊断试剂、医学工程和医药研发外包"作为发展重点
吉林	吉林省医药科技产业园区	分别在长春市、通化市、白山市和延边州批准建设长春高新生物医药科技产业园、通化医药科技产业园、长白山生态健康科技产业园和延边敖东医药科技产业园4个医药科技产业园
辽宁	辽宁（本溪）生物医药科技产业基地	截至2010年12月，累计入驻各类项目188个，项目投资总额373.53亿元
广东	湛江双林药业生物科技有限公司医药产业园	三九生化集团公司决定投资6亿元在东海岛建设双林医药产业园，该产业园是集建设研发、管理、结算、指挥一体化总部经济及产业经济园区，占地面积约227亩
山东	~	山东鲁抗医药公司宣布，将在邹城工业园区内投资建设生物医药产业园，建设周期预计为5年，总投资额预计约35亿元

资料来源：综合各种报道

从产业基地建设主要方向来看，投资项目大多围绕产业化展开，建设各类平台、引进产业化项目。如北京大兴生物医药产业基地、河北以岭生物医药产业园、吉林省医药科技产业园区、辽宁（本溪）生物医药科技产业基地等。部分产业基地建设则强调项目间的互补完善，如泰州中国医药城集中签约的70个项目分布在科学研究、产业化、平台支撑和综合配套等各个环节，囊括产业链的上、中、下游。中国食品药品检定研究院迁址北京大兴生物产业基地，对于加强生物医药企业与医药监管机构的互动，具有重要意义。此外，江苏昆山小核酸产业基地、中国（芜湖）生命健康城、上海聚科生物园区等，则分别定位于小核酸、干细胞库产业孵化和产学研资源紧密整合，实现园区功能的精细定位。

除产业基地建设外，国内大型企业和国际知名医药企业还对生物燃料、生物医药、生物保健等领域，做了若干重大投资建设（表4-11）。

表4-11　2010年公开的部分重大投资项目

项目内容	所属领域
首批国家级生物柴油产业化示范项目之一中海油6万吨生物柴油项目在海南投产	生物燃料
北京亦庄开发区生物制药合同生产基地，总投资约为1.2亿美元	生物制药合同（CMO）
福建南安13.6亿元大型生物工程项目，分两期建设。一期计划投资3.6亿元，建设动物源性蛋白、微生物营养蛋白、植物源性蛋白等3个项目；二期计划投资10亿元，建设转基因生物食品与转基因生物制药项目	生物保健、生物农业和生物医药
中粮集团2.3亿扩大广西木薯乙醇项目	生物燃料
法国赛诺菲安万特公司投资9000万美元建设的全球最新一代长效胰岛素“来得时”项目	生物医药
默沙东公司在杭州经济技术开发区投资10亿元建设默沙东中国新厂	医药产品和医用材料
百泰生物药业计划出资3亿元打造抗体工业园区，集聚100—200家产业关联、配套发展的中小企业，将同时入驻工业园区	生物医药

数据来源：综合各种报道

（六）生物科技和金融结合工作取得新进展

生物技术产业作为高科技产业，不但具备高科技产业高投入、高风险和高回报的一般特点，同时还具周期长的不同特性。这使得生物科技创新链与面向传统的金融资本链难以有机整合，严重制约了我国生物科技创新的深入发展。近年来，我国科技和金融结合工作不断深化，生物科技金融体系建设取得重大成效。2010年，各地方政府、各银行机构为落实国家和地方发展生物产业的政策精神，在完善开发性金融、进行金融激励、设立创业风险投资引导基金和科技支行等方面均取得了突破。

如表4-12所示，国家开发银行进一步完善开发性金融工具，在第四届中国生物产业大会重大项目签约仪式上，与16个项目单位签约197亿元；通过开展生物产业融资研究课题，进一步完善融资模式、加强信用结构建设。2010年4月，北京“金融激励试点方案”率先在北京医药行业试点，北京银行与多家生物技术企业签订了主动授信协议，在未来3年内承诺向生物医药企业提供50亿元人民币专项授信额度。科技支行和服务中心试点工作继续推进，中国农业银行无锡科技支行、汉口银行科技金融服务中心相继成立，生物技术企业被列为重点支持对象。此外，上海市、广州市、贵州省、温州市等地方各自设立创业投资引导基金，为完善中国创业风险投资与创业期生物技术企业的对接提供了新机制。

表4-12　2010年公开的科技金融结合工作

	简介
国家开发银行生物产业开发性金融	在2010年第四届中国生物产业大会重大项目签约仪式上，国家开发银行与16个项目单位签订了贷款合同及合作协议，总投资额达197亿元，以开发性金融推动生物产业发展
北京银行生物医药专项授信贷款	北京银行承诺在未来3年内向生物医药企业提供50亿元人民币专项授信额度
上海市创业投资引导基金	上海市政府设立上海市创业投资引导基金，并与国家发展改革委、财政部共同设立新能源、集成电路、生物医药、新材料、软件和信息服务业等首批5只高新技术产业化创业投资基金
广州市高新技术创业投资引导基金	设立2亿元规模投资基金，初步圈定组建电子信息、生物医药等3只创业投资基金，带动社会投入约8亿元。同时，设立科技型中小企业贷款担保资金4500万元
贵州鼎信博成创业投资有限公司	鼎信博成创业投资有限公司联合科技型中小企业创新基金管理中心等多家机构发起设立。投资重点为符合国家产业发展战略的企业，侧重于初创期和Pre-IPO企业；投资领域包含材料、先进制造、生物医药等；投资地域重点为贵州省内企业
中国农业银行无锡科技支行	主要面向无锡国家高新区，加大对物联网、新能源、生物医药等高新技术中小企业的信贷支持力度。为高科技企业发行中短期票据、融资租赁、资产重组和收购兼并及在境内外上市提供金融服务
苏州科技型中小企业信贷风险补偿专项资金	设立首期资金为5000万元的科技型中小企业信贷风险补偿专项资金，已帮助赛尔免疫生物等一批高技术、轻资产的企业获得了银行信贷
温州市科技创业风险投资引导基金	总规模约10亿元人民币，按市场化方式运作，采用阶段参股和跟进投资两种方式，首期拟定规模2亿元人民币，其中市财政出资5000万元，其他1.5亿元面向社会募集，重点支持生物医药、新能源等高技术企业
汉口银行科技金融服务中心	发挥金融对各类资源的整合优势，促进国家、省、市对示范区的各项产权制度改革、知识产权质押、激励机制改革等倾斜政策顺利落地；重点支持发展光电子信息、生物、新能源、环保、消费类电子等战略性新兴产业
成都银科创业投资引导基金子基金	银科创投公司与美国维梧（Vivo）创业投资管理公司共同设立风投子基金——维梧（成都）生物技术创业投资有限公司。该基金规模1亿元，其中银科注资3000万元，维梧出资7000万元，专注于中国生物医药行业的投资

数据来源：综合各种报道

另外，2010年，北京市、上海市和湖南省等地积极谋划战略性新兴产业创业投资引导基金，将进一步推进国家战略性新兴产业发展政策与创业投资基金在生物产业领域的深入对接。

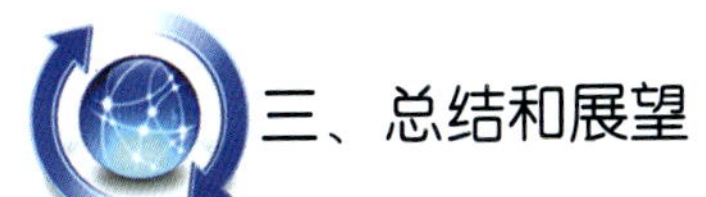

三、总结和展望

（一）我国生物技术产业投融资取得飞速发展

总的看来，经历了2009年全球经济危机冲击后，全球主要投资机构和公众投资者依然保持对生物技术及产业的巨大投资热情，

投资规模和轮次都有不同程度恢复和提升。但生物技术产业投融资市场理念正缓慢转型，创业风险投资更趋谨慎，资本市场对生物技术企业的价值评估更趋理性，产业内并购热潮有所退潮而企业间合作则日益升温。

在这个背景下，2010年我国生物技术产业的投融资市场飞速发展。无论创业风险投资、生物技术企业IPO，还是企业并购、产业基地或大型项目建设等，都表现不凡。围绕科技创新链和资本金融链的整合，新型科技金融结合试点工作深入开展，进一步推动了我国生物技术产业的发展。

（二）我国生物技术产业投融资格局存在的问题

首先，资本市场在推动高技术产业化中下游发展的作用还不够突出。与国际上生物技术产业强国相比，我国生物技术IPO企业多为已经具有一定产品和市场规模的企业，风险相对较小。这使得我国资本市场的风险/价值发现功能与我国创业风险投资的风险/价值发现功能未能有机耦合，投资生物技术企业初创期或成长期的创业风险投资清淡，而投资生物技术企业成熟期的私募股权投资“扎堆”，使得整个生物产业投融资链条较为松散，部分环节“火爆”而部分环节失调，制约了我国生物技术创新型企业的发展。

其次，在这种松散的投融资体系下，我国生物技术投融资形势的“火爆”也反映出我国生物技术企业的创新能力不足。少数依托国内市场（原料或成本优势）的生物技术企业，通过各种融资渠道，进行快速的规模扩张。而真正进行原始创新的中小企业，则很难得到有效的综合融资机制支持，很容易过早倒下或成为跨国企业的收购对象。这种投融资形势的冰火两重天，使得中国生物技术企业融入国际主流市场的步伐缓慢，赶超国际前沿、实现我国生物产业的跨越式发展难度加大。

另外，与我国生物产业发展的实际需求相比，国家宏观调控政策和政府投入模式亟待优化。在我国积极发展生物产业的政策导向下，各地方政府、各部门对发展生物技术产业表现积极，出台多种政策指引文件，各方投融资热情一路高涨，基地、重大项目纷纷上马。国际上以市场机制为依托的生物技术产业投融资格局正进入新一轮发展和转型时期，而我国还停留在较原始的状态；由政府主导的投融资热潮，容易使宏观决策者忽略市场机制在高科技产业特别是生物技术产业微观调控方面重要意义，导致投融资环境的骤冷骤热，影响我国生物技术产业的协调可持续发展。

（三）我国生物技术产业投融资发展趋势和面临的挑战

随着生命科学的不断发展和技术创新的

持续涌现，生物技术产业将面临更大的发展机遇，同时，也将会有诸多挑战。在这种背景下，未来几年我国生物技术产业投融资发展趋势将呈现以下几个特征：

第一，我国生物技术产业的投融资规模在一定时期内（3～5年）将继续保持高增长态势，但部分领域的投资规模将会快速回落。在我国医疗制度改革稳步推进、国家对发展生物产业及战略新兴产业的扶植政策不断推出等有利因素的推动下，创业风险投资、资本市场投融资等将持续火热。由于优质并购对象的逐渐减少，企业间并购规模将在2～3年内回落，生物产业基地建设热潮也难以长时间持续。

第二，生物技术产业投融资渠道更加多样，投融资格局日趋复杂。在新技术不断突破和转变经济发展方式的背景下，生物医药、生物农业、生物制造、环境生物等各个领域均面临更大的发展机遇，使得这些企业均可能成为融资需求主体。创业风险投资引导基金、新型开发性金融、中小生物技术企业联合债券融资、知识产权抵押贷款、中小板、创业板以及代办股份转让系统等多层次资本市场融资渠道，加上各部门、地区各种生物产业发展优惠政策，使得生物技术企业的融资渠道更加多样化。融资主体和投资主体的科技-金融互动意识、机制有待加强。

第三，政府将进一步加强宏观调控力度，以推动整个产业良性发展。在全国生物产业的宏观规划上，如何平衡不同领域、不同地区之间的发展部署，以及如何加强不同领域、不同地区间发展的有机衔接是亟待解决的两个问题。同时，如何针对不同类型、处于不同发展阶段的生物技术企业的不同融资需求，整合生物产业基地资源、各类政策资源和以各种机制运行的投融资渠道，实现生物技术企业、投资者和消费者的三方共赢，对政府相关部门的宏观调控能力提出了巨大挑战。

第五章 政策管理

对我国生物技术的发展政策环境而言，2010年是不平凡的一年。国际上，生命科学和生物技术与计算科学、物理科学、数学、社会科学等学科的交叉和融合日益明显，新一轮重大科技突破正在孕育。后金融危机时代所带来的经济发展方式和产业结构的调整，使得生命科学科技创新过程日益开放，科技创新框架下的政府机构、学术机构、监管机构、产业界、消费者的关系进入新的调整周期，生物技术的科技创新环境面临更大的挑战。从科研机构来看，作为全球最大的公共生物医学资助机构，美国国立卫生研究院决定正式筹划建立国家转化医学中心，优化和加快转化医学和治疗药物开发。法国国家生命科学与健康联盟正式发布下属10大主题研究所各自的研究主题和发展战略，凝聚科技目标，力图提升法国生命科学领域的竞争力。从产业界视角来看，国际生物技术产业正在转型，以人员和知识交流、技术合作和转让为基本形式的开放创新在大型生物技术企业中正变得日益普遍，传统生物技术开发模式面临危机。从国内情况来看，2010年也是我国社会经济发展“十一五”总结和“十二五”规划的重要过渡期。在我国加快转变经济发展方式、科教兴国和人才强国战略主题下，国家、部门和地方政府出台了一系列政策措施，为我国生物技术和产业发展创造了良好的环境。

一、部门和地方积极制定相应的政策与规划推动生物产业发展

1. 国务院颁布《关于加快培育和发展战略性新兴产业的决定》，将生物产业列为战略性新兴产业之一

2010年10月10日，国务院颁布《关于加快培育和发展战略性新兴产业的决定》，将生物产业列为重点培育和发展的战略性新兴产业之一。这是继2009年6月国务院办公厅印发《促进生物产业加快发展的若干政策》

明确提出“加快把生物产业培育成为高技术领域的支柱产业和国家的战略性新兴产业”后的又一新举措，生物技术和生物产业的战略地位进一步明确。《关于加快培育和发展战略性新兴产业的决定》指出，我国将大力发展用于重大疾病防治的生物技术药物、新型疫苗和诊断试剂、化学药物、现代中药等创新药物大品种，提升生物医药产业水平；加快先进医疗设备、医用材料等生物医学工程产品的研发和产业化，促进规模化发展；着力培育生物育种产业，积极推广绿色农用生物产品，促进生物农业加快发展；推进生物制造关键技术开发、示范与应用；加快海洋生物技术及产品的研发和产业化。

2010年10月18日党的十七届五中全会通过的《中共中央关于制定国民经济和社会发展第十二个五年规划的建议》也明确指出，“发展现代产业体系，提高产业核心竞争力”需要积极有序发展生物、新一代信息技术等七大战略性新兴产业，与随后全国人民代表大会第四次会议通过的《国民经济和社会发展“十二五”规划纲要》中提出的包括生物产业的“战略性新兴产业创新发展工程”有机衔接。

2. 国家有关部门积极酝酿和制定“十二五”生物技术与产业发展相关政策规划

后金融危机时代，全球科技和产业创新发展处于重大突破和调整的历史时期，生命科学与生物技术作为当今世界科技发展最为迅速的领域之一，生命科学领域正孕育着重大科技和产业的突破。面对这一重大战略机遇，立足我国国情和现阶段科技、产业基础，国家发展改革委员会、科技部、财政部、农业部、卫生部、国家食品药品监督管理局、国家知识产权局、中国科学院、中国工程院、国家自然科学基金会等部门积极谋划“十二五”生命科学与生物技术领域发展规划。

由国家发展改革委员会牵头，工信部、财政部、科技部等部委参与讨论制定的《生物产业发展“十二五”规划》是国民经济和社会发展第十二个五年规划体系中的专项规划之一，也是正在编制的《战略性新兴产业发展“十二五”规划》的配套专项规划之一。据报道，这项即将发布的《生物产业“十二五”规划》将未来5年中国生物产业的发展分为三个阶段，第一阶段为技术积累阶段，第二阶段为产业崛起阶段，之后是持续发展阶段，并为每个阶段的规模设定了目标。经过这三个阶段，中国的生物产业规模将从目前的1.8万亿元跃上5万亿元的台阶。

2010年3月，科技部将“促进生物产业发展重大问题研究”列为年度重大调研课题，重点研究当前全球生物和医药科技与产业发展现状、发展重点和发展趋势，比较分析我国前沿生物技术、医药生物技术、农业

生物技术、工业生物技术、环境生物技术、海洋生物技术等领域发展的优势和存在问题，研究提出未来5~10年我国生物技术与产业化发展的总体目标、发展原则、发展重点、政策措施等。

2010年11月，中国科学院研究制定《中国科学院支撑服务国家战略性新兴产业科技行动计划》及《组织实施方案》，生物产业作为七大战略性新兴产业之一，重点部署生物医药产业、生物医学工程、生物育种、生物制造和海洋生物技术及产品等方向。此外，由于干细胞与再生医学研究具有战略性、基础性、前瞻性和先导性，中国科学院已将其列为战略性先导科技专项之一予以立项。按照中国科学院的部署，“干细胞与再生医学”先导专项将采取“以需求凝练目标，以目标设立主线，以主线整合团队”的组织形式，以中国科学院干细胞与再生医学研究网络（北京、上海、广州、昆明四大研究中心）为核心，形成包括生命科学、材料、化学、生物力学等17个研究所在内的核心研究力量的交叉整合，最终实现专项的预期目标。

面向学科发展和科学前沿问题，国家自然科学基金委员会提出生命科学基础研究资助新思路。基金委在生命科学发展趋势、优先发展领域与资助“十二五”规划工作思路中，提出探讨建立规范有效的连续资助制度；根据生命科学不同学科的特点，将生命科学部资助的研究大致分为微观生物学研究、宏观生物学研究、国民经济发展需求驱动的基础研究、多学科交叉的研究等四类，探讨不同的评价与资助模式；积极推进项目国际化评审的进程等。

进一步健全知识产权制度，在国家科技重大专项中落实国家知识产权战略。2010年7月1日，科技部、国家发改委、财政部、国家知识产权局四部门联合印发《国家科技重大专项知识产权管理暂行规定》，明确规定适用于“重大新药创制”、“艾滋病和病毒性肝炎等重大传染病防治”和“转基因生物新品种培育”等科技重大专项的知识产权管理主体、知识产权管理过程、知识产权的归属和保护范围、知识产权的转移和应用等内容，从而为“有效运用知识产权制度提高科技创新层次，保护科技创新成果，促进知识产权转移和运用，为培育和发展战略性新兴产业，解决经济社会发展重大问题提供知识产权保障”。

3. 多个省市拟定和发布生物产业专项规划及促进生物产业发展政策

北京、江苏、福建、湖南、云南、浙江、四川、湖北、上海等多个地方省市拟定和发布生物产业专项规划或包含生物产业的战略性新兴产业“十二五”规划，以及相关促进产业发展政策，生命科学与生物技术产业区域

创新体系建设迎来良好的政策发展环境。

2010年4月，北京市科学技术委员会、人民银行营业管理部和北京银监局共同推出《推动北京生物医药产业跨越发展的金融激励试点方案》及《推动北京生物医药产业跨越发展的工作管理办法》，北京生物医药产业跨越发展工程（简称“G20工程”）随之启动。“G20工程”将分两期滚动式发展，一期工程计划2010—2012年实施，重点关注产业规模的迅速提升，实现产业规模1000亿元的跨越发展；二期工程计划再用5年时间，将生物医药产业对北京工业增加值的贡献度提高至5%以上，推动北京医药产业成为支撑首都经济社会发展的支柱产业。

2010年4月，《江苏省生物技术和新医药产业发展规划纲要（2009—2012年）》（简称《纲要》）出台，提出“生物技术和新医药产业是江苏应对当前全球金融危机、谋求未来长远发展的战略性高技术新兴产业。”《纲要》明确了江苏省生物技术和新医药产业发展的主要目标为“产业布局进一步优化、竞争实力大幅提升、创新能力显著增强、产业规模迅速扩大”，并提出了“壮大自主创新产品、优化产业布局、发展医药外包和药品物流产业、建设研发创新支撑平台”四大重点任务。

2010年4月，福建省出台《生物与新医药产业振兴实施方案》。该方案提出，加快推动生物与新医药产业做大做强，使之成为福建省新一轮经济发展的战略型先导产业和未来的支柱产业。到2012年，全省生物与新医药产业力争实现工业总产值500亿元，年均增长23%；培育形成10家左右销售收入达5亿元以上龙头骨干企业（其中2家达15亿元以上）。

2010年8月，湖南省委省政府出台《湖南省加快培育发展战略性新兴产业总体规划纲要》、《湖南省加快培育发展战略性新兴产业专项规划》，将重点培育生物产业等7大产业。

2010年9月，《云南省“十二五”生物医药产业发展规划》和《云南省关于促进生物医药产业发展的若干政策》，获得政府常务会议原则通过。此外，按照浙江省战略性新兴产业规划，将确定生物产业、物联网等九大战略性新兴产业。按照四川省相关规划，“十二五”期间，四川省将大力发展生物医药产业，力争在“十二五”末期使生物医药产值超过1000亿元人民币。湖北省在2008年9月颁布《湖北省生物产业发展规划（2008—2015年）》后，2010年以来正在积极推进《中共湖北省委湖北省人民政府关于促进生物产业发展的若干意见》工作。自2009年8月发布《关于促进上海生物医药产业发展的若干政策规定》以及《上海市生物医药产业发展行动计划（2009—2012

年）》后，上海目前正在制定《上海生物医药“十二五”规划》等。

二、大力加强生命科学与生物技术管理创新

1. 科技部推进科技计划管理改革创新

科技部针对新形势新要求，在总结“十一五”经验的基础上，认真研究“十二五”深化科技计划管理改革的具体思路和措施，深入开展科技计划管理重大问题专题调研。2010年7月，科技部党组出台《关于深化国家科技计划管理改革的意见》及《实施方案》。在农村、“973”计划、高技术、成果转化、国际合作等领域推进改革试点，取得初步成效。“十二五”计划管理改革坚持“聚焦战略目标、加强系统布局，优化资源配置、鼓励开放共享，加快技术转移、促进成果转化，加强科学管理、完善监督评估，重视人才培养、营造良好环境”五项原则。努力建立与完善有利于落实《科技规划纲要》和“十二五”科技发展规划目标任务的国家科技计划体系，建立与完善突出战略目标和重大任务导向的决策机制、资源配置机制和监督评估机制，建立与完善科学、高效的国家科技计划组织管理体制和运行机制，形成国家科技计划实施与国家创新体系建设相互促进的科技管理工作格局。

2. 农业部加强“转基因生物新品种培育”国家重大科技专项资金管理

2010年12月，根据《国务院办公厅关于印发组织实施科技重大专项若干工作规则的通知》（国办发〔2006〕62号）、《民口科技重大专项资金管理暂行办法》（财教〔2009〕218号）、《转基因生物新品种培育重大专项管理办法（暂行）》（农科教发〔2009〕10号）及其他相关规定，农业部办公厅印发《转基因生物新品种培育科技重大专项资金管理实施细则（试行）》，保障“转基因生物新品种培育”重大科技专项的组织实施，进一步规范和加强专项资金管理。

3. 国家自然科学基金加大对生命科学和医学科学研究支持力度

国家自然科学基金委增设医学科学部，优化生物医学研究项目资助结构特征逐渐显现。2009年9月，中央批准国家自然科学基金委员会内设机构中增设医学科学部，并在2010年国家自然科学基金项目申报中首次采用新的申请代码。2010年度，国家自然科学基金面上项目生命科学部批准项目2250项，批准经费7.31亿元，占总资助经费的16.15%；医学科学部，批准项目3163项，批准经费9.95亿元，占总资助经费的21.99%。与2009年度面上项目中生命科学部资助额度占总资助额度35.74%

相比，2010年度生命科学部和医学科学部两部的资助额占总资助额度达到38.14%，提高2.4%。重点项目中生命科学部批准66项，批准经费1.37亿元，占总资助经费的14.26%；医学科学部，批准66项，经费1.45亿元，占15.03%。与2009年度重点项目生命科学部资助额度占总资助额度27.63%相比，2010年度生命科学部和医学科学部两部的资助额占总资助额度达到29.29%，提高1.66%。

4. 国家质检总局创新生物技术产业检验检疫模式

为适应现代生物技术产业的发展，国家质检总局不断探索检验检疫新模式。2008年7月，国家质检总局批复同意上海检验检疫局在张江高科技园区开展进境生物材料检验检疫试点改革工作，提出减少检疫审批时间、简化检疫审批环节、报送材料从简及实施分批核销许可等六条意见。2009年3月，首批试点正式启动，试点以“事前备案、优化审批、强化监管、确保安全”为原则，在保证生物安全的前提下，努力提高生物医药研发企业进口生物材料的通检效率，增强上海生物医药发展的国际竞争力。在首批试点成功的基础上，2010年初，上海检验检疫局将改革试点全面扩展到浦东新区范围。

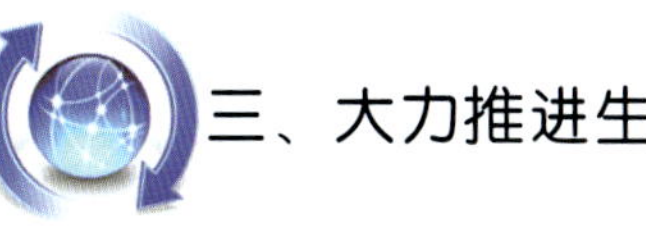

三、大力推进生物产业基地和平台建设

1. “重大新药创制”科技重大专项支持建立一批药物研发平台

“重大新药创制”专项“十一五”和“十二五”第一批“企业创新药物孵化基地建设”专题中共立项41项。企业创新药物孵化基地建设项目有3个创新药物已获得新药证书。专项支持的15个综合性新药研发技术大平台，已在新药品种研发、候选药物筛选、共性关键技术研究等方面发挥作用，某些技术领域达到国际先进水平，在支撑药物研发中显示出巨大潜力。按照新药研发链条部署的8个新药临床前安全评价技术平台和26个临床评价技术平台，在技术服务能力提升和实现国际互认等方面取得积极进展。部署建设了39个以企业为主体的药物技术创新平台，推动企业成为药物创新的主体，自主创新能力明显增强，有力地促进了我国医药科技产业的规模化发展和国际竞争力的提升。

2. 进一步推动生物和医药领域的产业技术创新联盟建设

国内生物技术领域产业联盟目前已经出现一些新的发展趋势。例如，在发展迅速的

干细胞和再生医学领域，2010年9月，华夏干细胞产业技术创新战略联盟成立，这也是我国首个干细胞产业联盟，联盟首批成员单位涉及国内干细胞治疗领域诸多知名院所、研究机构及生物公司共22家。另外，2010年11月26日，医疗器械产业技术创新战略联盟、中国医疗器械行业协会在北京联合举办了“第二届医疗器械产业科技金融论坛暨医疗器械产业技术创新战略联盟科技金融办公室挂牌仪式”，这为区分行业特点提供有针对性的科技金融支持进行了有益的探索。同样在11月26日，28家长期从事纳米生物医药相关研发、生产、临床应用的医药企业、国家级工程研究中心、高等院校、科研机构和著名医院在上海发起成立了“纳米生物医药产业技术创新战略联盟”，从而推动我国纳米生物医药领域“产学研医”一体化技术创新群体的形成。

“重大新药创制”科技重大专项“十一五”第三批设立了“技术创新产学研战略联盟”专题，共有14个单位申请了“技术创新产学研战略联盟”课题，7个联盟课题获得立项支持，涵盖化学药、中药和生物药。联盟单位中医药企业61家，大学35所，科研院所34所。中央财政资金投入近3亿元，地方、企业配套资金超过10亿元。

3. 科技部等政府部门与地方政府共建生物和医药产业园区

2010年，科技部等政府部门与地方省市积极推动生物产业园区的发展。辽宁省本溪市申请建立国家生物医药科技产业基地的材料通过国家科技部的审核和答辩，批准建立国家辽宁（本溪）生物医药科技产业基地。科技部、卫生部、国家食品药品监督管理局、中医药管理局四部门与江苏省决定共同建设“中国（泰州）医药城”，通过进一步加大对泰州医药城建设的支持力度，从人才引进、平台建设、项目支持、国际合作等方面加大支持，为泰州医药城建设营造良好的发展环境。科技部、商务部、卫生部、国家食品药品监督管理局和天津市政府共同建设的国家生物医药国际创新园产业区近日在滨海高新区正式启动，入驻的7个项目涉及动物保健品、医疗器械、医药服务、医疗服务等多个生物医药领域，总投资额26.3亿元，预计总产出超过70亿元。

四、加强生物技术人才队伍建设，推进生物领域国际科技合作

1. 启动国家生物技术人才发展规划工作

2010年6月6日，中共中央、国务院印发

了《国家中长期人才发展规划纲要（2010—2020）》。在贯彻落实《中长期科技人才发展规划》的工作中，科技管理部门制定了《创新人才推进计划实施方案》、《人才发展规划纲要重大政策工作方案》和《关于加强高层次创新型科技人才队伍建设的意见》等重大人才政策文件，把科技人才工作摆在全部科技工作更加突出的位置，积极实施有利于科技人员潜心研究的创新政策，响应科技发展规划和人才发展纲要。

2. 继续组织实施“千人计划”，启动“青年千人计划”

自2008年中央启动“海外高层次人才引进计划”（简称“千人计划”）以来，截至2011年5月，生物医药领域已经有至少21位“千人计划”引进的创新创业人才，这对于加强生物与医药创新人才队伍建设，培养和造就一批世界一流的创新人才和具有国际影响力的创新团队具有重要意义。科技部、卫生部等部门继续依托“重大新药创制”、“艾滋病和病毒性肝炎等重大传染病防治”、“转基因生物新品种培育”等国家重大专项作为重点创新平台，做好“千人计划”引进人选的推荐工作。此外，2010年12月，中央人才工作协调小组批准通过《青年海外高层次人才引进工作细则》，“青年千人计划”正式启动实施，计划分5年引进2000名左右优秀海外青年人才，每年引进400名左右，国家给予科研经费最高可达300万元。

3. 生物技术领域国际合作日益深入

生物技术作为发展最为迅速的科技领域之一，多层次的多边科技合作与交流的重要性正变得日益突出。2010年，在生物技术领域，官方的国际科技合作有一定亮点。

采取新举措，推动国际科技合作战略性转变。2010年4月，科技部国际合作司为华药集团公司“微生物和生物技术创新药物研发国际科技合作基地”授牌。“国际科技合作基地”是科技部实现国际科技合作方式战略性转变而推出的重大举措，对于深入开展国际科技合作与交流、加强对外开放等具有重大引领作用。国家将对基地给予资金、项目等方面的政策倾斜，使企业实现国际科技合作方式从“一般性的人员交流和项目合作”向“项目-基地-人才”相结合的战略转变。

以中医药现代化国际科技大会为平台，推动广泛国际交流和合作。2010年11月25~26日举办的第三届中医药现代化国际科技大会共有来自美国、英国、德国、荷兰、日本、韩国、老挝、缅甸等21个国家和地区的2000余名代表参会。国内29个省市和香港特区组团参会。大会成效显著，一是从政府层面推动了传统医药国际合作，取得广泛共识和积极成果；二是深入开展了学术研讨，推动中医药和现代科学的结合；三是广泛开展国际交流，巩固和扩大了中医药国际科技

交流与合作的平台；四是搭建了产业合作平台，有力促进了成果转化。

2010年10月，国家自然科学基金委员会与美国国立卫生研究院签署合作谅解备忘录，双方将在健康科学领域开展人才培养和人员交流、双边学术研讨会以及实质性研究等方面的合作。

主要信息来源

[1] 中国科技部 http://www.most.gov.cn/

[2] 中国国家自然基金委员会 http://www.nsfc.gov.cn/Portal0/default124.htm

[3] 中国科学院 http://www.cas.cn/

[4] 国家发展和改革委员会http://www.ndrc.gov.cn/

第六章 区域生物技术与产业

一、概述

“十一五”时期，我国生物医药产业发展迅速。2006—2009年，我国生物产业总产值保持了年均25%左右的快速发展势头，已成为继信息技术产业之后我国高技术产业的重要领域和对我国经济社会发展具有重大支撑作用的新兴产业。2010年，我国明确提出加快发展包括生物产业在内的七大战略性新兴产业，以此加快经济发展方式转变、实现产业结构优化提升。在此背景下，我国生物技术区域经济迎来加速发展和布局调整的重要机遇。

目前，国家正着力打造产业基地，促进产业集聚，已在全国建立了20多个生物产业基地，初步形成了长江三角洲、珠江三角洲和京津冀三大产业密集区。此外，东北地区，中部地区的河南、湖北，西部地区的四川、重庆也已经具备良好的产业基础。全国84个国家高新技术产业开发区（包括3个自主创新示范区）中的60余个开发区正加快建设和发展生物产业。

二、环渤海地区的生物技术与产业

环渤海地区拥有丰富的临床资源和科研、教育资源，生物技术和产业发展的人力资源储备丰富。各省市在产业链上具有较强的互补性，围绕北京形成了创新能力较强的产业集群。其中，北京的生物技术和产业发展人才优势突出，拥有丰富的临床资源和大量先进的新药筛选、安全评价、中试与质量控制等关键技术平台，是全国的生物医药研发中心之一。天津发展生物技术和产业的科技支撑实力突出，是重要的现代生物产业制造基地和关键技术的研发转化基地，聚集了500多家从事生产和研发的相关机构，在工业生物技术、中药现代化等方面的研究上居全国领先水平。山东是我国生物制药产业大

省，产业基础良好，其产值、利税多年来位居全国前列，且具备了较好的海洋生物技术发展基础。辽宁、河北聚集了一批在全国有影响力、有竞争力的生物企业，是生物制造业的重要省份。

（一）北京生物技术与产业发展

北京是我国生物产业研发资源集中的区域之一。作为战略性新兴产业，北京生物产业已连续10年取得高速增长，目前化学制剂水平位居全国前列，数字化诊疗设备国内名列前茅，诊断试剂和疫苗优势明显。

生物医药产业是北京生物技术产业发展的重心。2010年是北京生物医药产业跨越发展工程的启动之年，经过近一年的努力，该市生物医药产业圆满完成第一年的预定目标。2010年，北京生物医药产业实现销售收入559.5亿元，其中生物医药制造业实现销售收入483.5亿元，研发服务业完成收入76亿元。其中，从企业类型来看，39家G20（北京生物医药产业跨越发展工程）企业已成为北京生物医药产业的核心力量，仅2010年1～11月即实现销售收入247.2亿元，占全产业总额的近一半。从产品类型来看，各子领域中化学制药占据半壁江山，且继续保持高速增长，其主营业务收入增长率为22%，利润总额增长率达31%。此外，中药产业的贡献日趋突出，其利润总额增长率由2007年的4%增长到2010年的20.8%；生物制药已迈入高速发展的阶段，从2007年至今主营业务收入年复合增长率达25.1%，利润总额年复合增长率超过41%，对北京医药工业的贡献度逐年升高，利润占比已达21.4%；医疗器械领域贡献平稳，主营业务收入和利润均占北京医药工业的1/5。

北京国家生物产业基地是北京生物产业发展的主体，是2006年10月国家发展改革委第二批认定的“国家生物产业基地”之一。据不完全统计，2006—2010年，生物医药工业总产值从204亿元增加到450亿元以上，年均增速超过17%，实现利润由23.2亿元利润增加到70亿元以上，年均增速超过24%。北京国家生物产业基地由中关村生命科学园、北京经济技术开发区和中关村大兴生物医药基地三个核心区构成。其中，中关村生命科学园是北京国家生物产业基地主要承担创新功能的核心区。基地集聚了生物芯片、中药复方药物开发、病毒生物技术、新型疫苗、蛋白质药物、信息菌素靶向药物、作物生物育种、cGMP新型固体药物制剂平台、抗体工程等国家或市级工程研究中心和工程实验室。目前，已入园企业和研究机构60多家，包括北京生命科学研究所、博奥生物有限公司暨生物芯片国家工程研究中心、诺和诺德制药、美国健赞公司、扬子江药业、奥瑞金种业、养生堂万泰药业等一批国家内外著名

科研机构及企业。北京经济技术开发区是北京国家生物产业基地承担国际制造功能的核心区，是北京市唯一同时享受国家级经济技术开发区和国家高新技术产业园区双重优惠政策的国家级经济技术开发区，目前已有包括拜耳医药、第一制药、安万特制药、同仁堂、航卫通用、通用华伦、源德生物、本元正阳、百泰生物、诺赛基因、康龙化成等90余家知名企业入驻。中关村大兴生物医药产业基地是北京国家生物产业基地承担新兴制造功能的核心区。基地规划面积9.63平方公里，目前已有中检所、天坛生物、同仁堂、康必得制药等近70家国内外知名医药企业及相关机构入驻。

（二）天津生物技术与产业发展

生物产业是天津市重点发展的支柱产业之一，经过几十年的发展，天津的生物产业在生物医药、生物农业、生物制造等领域都已具备了较为雄厚的基础。近年来，天津市紧紧抓住滨海新区开发开放的历史性机遇，大力发展生物产业，科技投入实现较大增长，建设了一批研发创新机构，取得一批较高水平的成果，在生物医药、工业生物、生物农业等领域已形成较强的产业规模，具备了较为雄厚的基础。天津生物产业已形成以大品种、大平台、大健康、小巨人为标志的产业发展和生物制药、化学药、中成药、医疗器械、健康产业蓬勃发展的局面。

在化学药领域，地塞米松产量世界第一，第四代头孢药物中间体GCLE产量占全球供应量的50%以上。中药领域，共有准字号产品897个，其中中药保护品种50个，独家保护品种20个；滴丸、软胶囊、中药注射剂等现代中药剂型均为全国首创，天士力集团的复方丹参滴丸产品已连续7年实现销售收入突破10亿元，位居全国单产品销量之首。速效救心丸居全国中成药年销售第二位，是全国3个保密中成药品种之一。医疗器械领域，血压计生产规模全球第三，一批输液器、血液透析管路、药品检测仪产品也初具规模。生物技术产品方面，重组人干扰素α-2b、花箐素、益生菌产品销售量均位居全国前列，临床检查试剂盒和胶体金快速检查试纸等产品也具有国内领先水平。以药明康德、凯莱英为代表的药品研发服务外包2010年销售收入达到了7亿元，年均增长接近50%。全市拥有天津医药、中新医药、金耀、天士力、天狮等一批大型企业集团以及葛兰素史克、诺和诺德、诺维信等36家跨国医药企业，进入全国医药10强企业1家，20强企业3家。中新药业、天药药业、天士力、力生制药、红日制药、九安医疗、瑞普生物等8家生物医药企业已上市。

在工业生物技术领域，依托中国科学院天津工业生物技术研究所等机构，天津市已

经建立起从科研小试、中试到产业化链接的研发转化体系，逐步形成“研究一批、小试一批、中试一批、产业化一批”的科研开发模式，不仅酶制剂等产品具有竞争力，更为生物医药研发成果的产业化进程起到了推动作用。

从空间布局上看，2008年2月国家发展改革委认定的综合性国家高技术产业基地——天津国家高技术产业基地是天津生物产业的集中区域领域。根据生物产业的现状与发展布局，天津国家生物产业基地的核心区位于滨海新区的开发区和高新区，扩展区主要包括华苑新技术产业园区、北辰科技园区等。目前，天津的生物产业已经聚集了一批有较大规模的企业，开放度高，对外合作密切，龙头企业和一大批中小企业快速发展，人才、创新能力和技术开发平台建设已具备较强的优势和能力，投资和配套服务政策体系已具备良好的条件和氛围。

（三）山东生物技术与产业发展

山东利用特有的资源优势和技术优势，面向健康、农业、环保、能源和材料等领域的重大需求，以具有自主知识产权的高技术成果产业化为工作重点，加快发展生物医药、生物农业、海洋生物、生物制造、生物能源和生物环保等产业，培植壮大生物产业，加快发展生物经济。山东省致力于用10年左右的时间，把生物产业培育成为高技术领域的支柱产业，到2020年，全省生物产业增加值突破3500亿元，占GDP的比重达到5%以上。2010年初，山东省出台《关于促进新医药产业加快发展的若干政策》，从财政、金融、税收等多个方面全力支持。这些都为山东省医药产业的发展带来了重大机遇。

在生物医药方面，到2010年底，全省规模以上医药工业生产企业达到761家，实现销售收入1691亿元、利税251亿元、利润171亿元,各项经济指标均居全国前列。齐鲁制药、东阿阿胶、鲁抗医药、福瑞达、鲁南制药、绿叶制药等一批生产企业得到长足发展。山东省生物医药产业初步形成了生物医药技术研究、开发和产业化体系，具备了加快发展的良好基础。

山东省将重点发展生物医药、生物能源、生物环保等七大生物产业。依托丰富的海洋生物资源和15.95万平方公里海域，山东省将重点发展海洋药物、海洋功能性食品和化妆品、海洋生物新材料、海洋生物酶等海洋生物产业，打造山东特色的“低碳＋蓝色”生物产业新体系。山东省重点发展的生物产业分别是：以生物技术药物、化学创新药物、现代中药和生物医学工程为核心的生物医药产业；以生物育种、绿色农用生物制品为重点的生物农业产业；以微生物制造和

生物基材料为重点领域的生物制造产业；以燃料乙醇、生物柴油、生物沼气为主的生物能源产业；以生物技术进行水污染治理、有机垃圾治理等的生物环保产业；以医药研发服务业为重点的生物服务产业；以海洋药物、海洋功能性食品和化妆品、海洋生物新材料、海洋生物酶等为主的海洋生物产业。

2009年经山东省发改委认定，山东省生物高技术产业基地（济南）依托济南高新区进行建设，由济南高新技术创业服务中心具体承担。作为山东省生物产业基地（济南）的核心区域，生物产业发展势头强劲。2010年，全区完成GDP 276.8亿元，同比增长23.9%，其中生物产业103亿元，出口创汇1300万美元，实现利税10亿元。基地共拥有生物企业1500家，在核心区内，拥有生物企业420余家，涉及生物医药、生物农业、生物制造、生物能源、生物环保、生物服务等领域，涌现出一批具有核心竞争力的创新企业，已成为带动区域生物产业发展的骨干力量；生物产业链条不断延伸，产业聚集度明显提高。截止2010年末，规模以上企业（年主营业务收入2000万元以上）达到130余家，重点高技术企业5家，生物骨干企业12家，年销售过10亿元企业12家，过亿元企业35家。

青岛国家生物产业基地是2007年6月国家发展改革委第三批认定的“国家生物产业基地”之一。青岛国家生物产业基地由1个核心区和5个产业扩展区组成，最终形成一个集科研、孵化、生产及管理服务于一体的、辐射全国的海洋生物产业集群网络。基地的核心区位于崂山区，是青岛国家生物产业基地建设的中枢。扩展区主要由黄岛开发区医药产业园、胶南医药产业园、及墨海水种苗产业基地、胶南-黄岛海水种苗繁育基地和城阳海洋新材料产业园组成，是基地核心区产业链的有效补充和拓展。2010年，青岛生物产业产值超过150亿元，是“十五”末的近5倍，年均增长30%。同时，生物技术企业超过300家，涌现出中科院生物能源所、黄海制药、华仁药业、明月海藻、易邦生物、奥克生物、康地恩生物等一批国内影响较大的机构和企业。新布局崂山区生物产业园和高新区蓝色生物医药产业园，生物产业发展空间进一步拓展，生物产业集聚集约发展加快。其中崂山生物产业园规划近700亩，重点发展生物制药、疫苗及诊断试剂、生物技术产品、海洋保健品及生物医药研发服务外包等产业，高新区蓝色生物医药产业园规划面积163.28公顷，重点发展基础药物、小分子药物、蛋白质药物、基因重组药物、医疗材料及器械、生物制剂等产业。近几年来，青岛市涌现了六合集团、海尔药业、国风药业、华仁药业、国大生物、东海药业、格瑞药业、科谷生物、科海生物、康

原药业、易邦生物、瀚生生物、地恩地生物、博新生物、海汇生物、宝依特生物、康地恩生物等一批具有活力的大型制药企业和中小型生物技术公司，正在逐步呈现产业集聚效应。

（四）辽宁生物技术与产业发展

2010年，辽宁为加快全省新兴产业发展，推进辽宁老工业基地全面振兴，确定了发展新兴产业的重点任务。其中，生物医药、生物质能、生物育种作为重点发展的新兴产业，列入其中。

在辽宁的生物产业发展中，大连国家生物产业基地颇具特色。大连以建设中国北方生物技术和生物产业中心为目标，致力于差异化、有特色地发展大连生物产业2+4产业集群。第一，做大做强大连优势的生物外包与服务产业，具体包括生物外包产业领域、生物产业现代服务业产业领域；第二，做实做精大连特色的生物产业，着力发展生物医药、海洋生物、数字化医疗器械、健康医疗等四大生物产业领域。

在具体的发展上，大连设定了“三步走”的目标：至2012年，大连力争生物产业产值达到500亿元，其中实现生物外包与服务产业收入超过300亿；生物企业400家，规模以上企业100家，年销售额过亿元的产业化项目15个，引进海归创业人员和企业骨干、学科带头人超过400人，从业者超过2万人。固定资产投资（基础设施建设、管网配套等）累计突破100亿。到2015年，实现生物产业产值超过1000亿，生物企业800家，其中生物外包与服务企业150家，规模以上企业200家，超过亿元产值的生物企业50家。到2020年，实现生物产业产值超过2000亿，实现生物企业1000家，规模以上企业500家。

国家辽宁(本溪)生物医药科技产业基地距省会沈阳38公里，是辽宁省推进产业布局调整的重要支点，2010年1月5日经国家科技部批准为国家辽宁(本溪)生物医药科技产业基地。基地总体规划面积205平方公里，医药基地划分为三个不同产业内涵的功能区，其中包括88平方公里的生物医药产业园、45平方公里的医疗器械产业园、72平方公里的森林健康城产业园，并组建了三个产业园管理委员会。国家辽宁(本溪)生物医药科技产业基地现已签约入驻项目160个，项目投资总额170亿元，已签约入驻项目达产后预计可实现销售收入580亿元。已完成注册97家，研发型项目已完成注册19家，已开工项目68个。

沈阳棋盘山生物技术产业园以泗水科技城建设为重点，通过发展以生物医药、生物制造和生物环保为重点的生物技术产业，形成生物技术研发、教育培训、成果转化、

商务休闲、旅游观光于一体的产业链，打造生物技术产业聚集区，建设国家级生物技术产业基地。到2012年，引进高科技企业200家，2～3家高新技术产业公司自主上市，生物技术产业产值200亿元，年均增长率25%。目前，科技城招商工作取得重大突破，中国科学院北京基因研究所、中科院上海药物研究所、上海生命科学院、中山大学眼科国家重点实验室、中国医科大学生物医学工程研发中心、日本久留米生物产业园、英国VISTA公司、英国ODC公司、美国蓝图基因检测、美国麦迪罗公司、美国威尔资生物医药公司等20多个项目已经落户科技城。

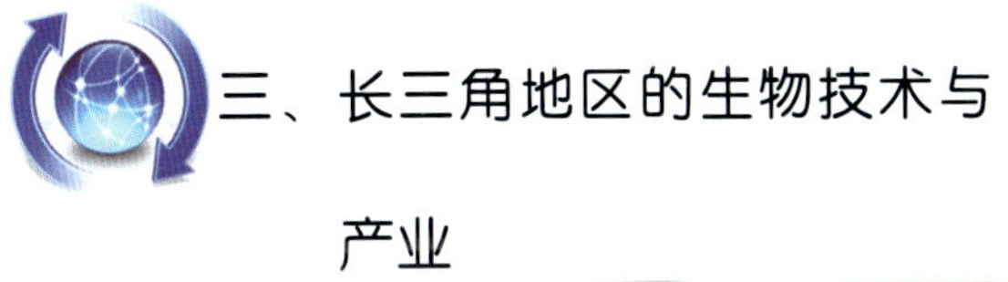

三、长三角地区的生物技术与产业

长三角地区是我国生物产业资源的密集区。其中，上海正在形成以国家级研究中心为支撑的现代生物技术研究创新体系，产业研发与技术优势明显，研发要素集聚效应不断增强，是国内生物医药领域研发机构最集中、创新实力最强、新药创制成果最突出的基地之一。江苏是我国生物产业成长性最好、发展最为活跃的地区之一，已形成了苏州、南京、泰州、连云港等一批医药研发的重要基地。浙江将生物医药等列入大力培育的高科技产业，在部分领域具备国内先进水平。

（一）上海生物技术与产业发展

上海市跨国生物医药企业研发中心密集，融资环境良好。目前，上海国家生物产业基地初步形成了以张江高科技园区（新药创制、合同研究）为核心，徐汇枫林地区（原创研究和药物临床研究）、青浦工业园区（药物制剂和天然药物）、南汇周康地区（生物医学工程）、奉贤星火地区（化学原料药生产和出口）为扩展，相互支撑，优势互补，各具特色的产业布局。此外，上海生物医药创新体系不断完善，形成了由10多所高校、30多家专业研究机构、30多个研发中心（含外资）、30多家新药临床研究基地、30多家医疗临床医院，200多家研发型企业组成的生物医药创新网络。全市生命科学和生物医药领域有近80位两院院士，同时拥有上药集团、罗氏制药、施贵宝、赛诺、葛兰素史克、西门子医疗等重点企业的研发中心或基地。此外，目前上海有张江生物医药基地创建于1996年，由国家科技部、卫生部、食品药品监督管理局、中科院和上海市政府共同发起建立。张江生物医药基地经过10余年的开发和建设，科技创新能力、产

品研发能力和高科技企业孵化能力显著增强，人才荟萃，产业初具规模，已经成为我国重要的现代生物医药科技创新和产品研发基地。已经拥有400余家生物和医药企业，从业人员2.4万人，年产值近200亿元，同时培育出上市企业7家，正在筹备上市企业19家。上海张江生物医药基地以“世界知名、亚洲一流、中国第一”为目标，积极把握十七届五中全会倡导大力培育战略性新兴产业的历史机遇，通过机制创新探索以政策为引导、企业为主体、科技和金融结合、园区为载体的新型模式，逐步提高自主创新核心竞争力，大力培育生物医药这一新兴战略产业。

上海国家生物产业基地是2006年10月国家发展改革委员会第二批认定的“国家生物产业基地”之一。近年来，在国家发改委、科技部等国家部委及各兄弟省市的大力支持下，上海生物产业特别是生物医药产业保持了良好的增长势头。

2010年，上海共获得药物临床研究批文33个，其中一类新药7个，药物生产批文16个，三类医疗器械产品注册证153个，一类，二类医疗器械产品注册证1602个，销售过亿的核心产品总数达55个，形成了上海生物医药产业技术创新服务平台，抗体产业联盟等一批产学研医联合体。可利霉素、注射缓释球、弹簧圈、人工耳蜗等一批创新成果在上海得到产业化。2010年，上海生物医药产业经济总量1427.75亿元，同比增长13.8%。其中，制造业实现工业总产值638.17亿元，同比增长17.88%，医药商业实现销售总额为703.08亿元，同比增长8.46%，服务外包业实现服务收入86.5亿元，同比增长34.65%。

上海已集聚了较多的大中型生物企业。上海共拥有生物医药骨干企业近500家，其中有上海医药集团、复星医药、上实医药等大中型企业近50家，境内外上市企业10余家。罗氏、强生、施贵宝等多家国际著名生物医药跨国公司，以及扬子江、恒瑞、天士力、汇仁等国内大中型生物医药集团在沪投资建厂。上海正在成为国内外生物医药企业投资合作与发展的集聚地。同时，上海还涌现出现代制药、迪赛诺等10多家销售收入超2亿元的骨干企业，以及一批基础扎实、有良好发展前景的生物医药企业，如中信国健药业、上海科华生物、上海微创、复旦张江生物等。

上海生物产业基地的创新体系初步建成。上海国家生物产业基地是我国生物产业研发力量较为集聚的地区之一，已初步形成了以国家级研发中心为核心的现代生物医药技术创新体系，基本涵盖了基础创新、临床研究、应用开发、工艺设计优化等生物医药创新链的主要环节。同时，上

海张江高科技园区内汇聚了辉瑞、葛兰素史克、阿斯利康、诺华、罗氏、礼莱、GE七家国际著名生物医药跨国公司的研发中心。近年来，上海研发外包业蓬勃发展，目前已涌现出药明康德、开拓者化学、睿智化学、睿星基因、桑迪亚等一批有影响的研发外包企业。

为了服务于生物产业的发展，立足上海生物产业发展的优势和特点，聚焦重大关键技术，瞄准产业链的薄弱环节，上海建设了国家人类基因组南方中心、国家上海新药安全评价中心、国家新药筛选中心、上海光源、上海实验动物资源中心等重大基础性公共服务平台；在国家发改委的大力支持下，建设了药物制剂、生物芯片、组织工程等国家工程研究中心。近年来，上海注重营造良好的生物医药产业投融资环境，浦东新区、徐汇区等生物医药产业特色区县设立专项资金推进生物医药创新。

（二）江苏生物技术与产业发展

生物技术和新医药产业是江苏应对当前全球金融危机、谋求未来长远发展的战略性高技术新兴产业。江苏的产业规模居国内前列，其中工业酶制剂市场占有率居全国第一，发酵工业规模占全国约1/6；医药产业（包括生物技术药、中药、化学药、医疗器械）实现销售收入全国领先。

江苏的生物产业集聚程度较高。盐城、扬州、常州的生物农药具有显著的品牌效应，宜兴环保科技工业园已发展成为生物环保产业集中区。南京、苏州、泰州、连云港、常州等地初步构建了医药研发和制造产业链。目前，江苏已集聚了扬子江药业、恒瑞、先声、康缘等一批创新实力强的本土企业，多家跨国制药公司也已落户。

江苏的若干生物产品和技术全国领先。重组人胰岛素、血管内皮抑素等基因工程药物率先上市，肿瘤化疗一线药物销售占全国的1/5，生物催化转化技术取得关键性突破，转基因育种技术水平位居全国前列，基因芯片、抗体诊断等生物技术达到较高水平。

近年来，江苏致力于进一步优化产业布局，大力建设泰州国家医药高新技术产业开发区，成为引领全省生物医药产业跨越发展的加速器。瞄准国际一流水平，按照集聚产业、形成优势、接轨国际的原则，开放配置科技创新资源，积极吸引国内外高水平医药人才、项目、机构和企业。加快建设生物疫苗、新型制剂、生物制药、数字医疗器械、中成药提取等五大具有国际竞争力的特色产业基地，全力推进中国疫苗工程中心的建设进程，大力发展以蛋白质药物、基因工程药物为代表的新兴生物医药产业。重点建设研究孵化、生产制

造、贸易物流、康健服务、综合配套等五大功能区，积极打造药物研发、医药外包、细胞治疗、新药申报、标准制定等五大集聚中心，构建药品生产基地和药业主题园，形成医药贸易与物流中心和医药专业市场，建立医疗服务与康健休闲基地。在国家创新基地建设、产学研结合、人才集聚模式上走在全国前列，引领全省医药产业的高端发展，至2012年，形成500亿元的产业规模，将泰州中国医药城建设成为“中国第一，世界有名”的医药高新园区。

同时，江苏致力于加快建设南京生物医药产业基地，充分发挥南京生物医药领域高校院所众多、产业基础良好的优势，重点发展生物技术药、现代中药、生物试剂、发酵工程等高技术产品群，大力建设生物技术创新及产业化平台，加强产学研合作，突破关键技术，壮大骨干企业，优化产业布局，成为全国有影响的生物技术产业综合基地。苏州则以发展接轨国际的生物技术药和生物医学工程产品为重点，加快医疗器械产业集聚发展，连云港以发展具有自主知识产权的抗肿瘤、抗肝病、抗病毒、现代中药复方等创新药物为重点，无锡以医药研发服务外包和高附加值生物技术产品为重点，常州以医疗基本药物和酶工程产品为重点，促进产业集聚和企业集群发展，努力形成优势明显、差异发展、各具特色的区域分工布局。

（三）浙江生物技术与产业发展

浙江已初步形成以生物医药、生物农业、生物制造为主体，生物环保、生物能源等领域推进发展的产业格局。浙江省生物资源丰富，生物产业发展起步较早，生物医药在全国居于前列。浙江的生物产业中，化学原料药、维生素、天然药物、保健产品、生物疫苗和检测试剂、生物发酵农药、兽用生物制品、生物饲料添加剂、农林良种、生物基材料、微生物制造等领域具有领先优势，拥有一批拳头产品，相对应的形成新和成、浙江医药、海正药业、华东医药、华海药业、仙琚制药、升华拜克、钱江生化等一批上市企业。2010年，全省有生物专业园区12家，总面积51平方公里左右，已初步形成以杭州国家生物产业基地、台州国家化学原料药基地为主，湖州生物制药、金华天然药物、浙江省农业高科技示范园区等一批各具特色的生物产业集聚区块。2010年杭州经济技术开发区实现地区生产总值和工业销售产值分别达到了358亿元和1326亿元。

浙江确立了优先做强特色原料药及药物制剂、生物医学工程、绿色农用生物制品、现代中药四大优势领域的方向，同时致力于培育生物制药、生物保健食品与化妆品、农

业良种选育、海洋生物开发四大领域，并推广应用生物基材料、生物制造技术、生物环保技术、生物服务四大领域。

在浙江，杭州市集中了全省生物领域主要的科技资源，包括浙江大学、浙江工业大学等研究资源。多数生物医药企业建立了企业技术中心或与国内外重点科研机构具有密切的产学研合作关系，如华东医药建有基因研究所和生物研究所，澳亚生物拥有P3实验室，九源基因建有博士后工作站。这些都为杭州市生物医药产业发展提供了强大的人才和技术支撑。经过十几年的快速健康发展，杭州市的生物医药产业已具备相当的发展基础，产业规模和效益优势已日益突显。行业内先后涌现出九源基因、天元生物、普康生物、艾康生物、澳亚生物、中肽生化、艾博等一批在国内具有领先地位的骨干企业，产品涉及基因药物疫苗、诊断试剂等多个现代生物领域。这些产品的技术水平已居全国领先地位。

四、珠三角地区的生物技术与产业

珠三角地区生物资源丰富，土地辽阔、自然条件复杂多样，加之有较古老的地质历史，孕育了极其丰富的植物、动物和微生物物种，中医、中草药源远流长，具有发展生物产业、生物经济深厚的文化底蕴，为发展生物产业、生物经济提供了宝贵的“基因资源库”，在生物技术等领域有独特优势，与其他发达地区差距相对较小，生物产业初具规模。

广东省生物医药企业已达560余家，已初步形成涵盖药品、器械、试剂等领域的研究、开发、生产、销售各环节，中药和化学药为主体、医疗器械为特色、健康服务和流通为市场价值链终端的生物医药产业体系；在现代中药、化学合成药物、生物制药、海洋药物、基因诊断试剂、医疗器械等领域具有一定优势。一些大型企业向上游原材料领域积极拓展，产业链得到进一步延伸。2010年，广东省生物医药总产值达到890亿元，实现增加值320亿元，年均增长分别为25%和23%，增长速度居全省九大产业之首。截至2009年末，全国制药工业百强企业中广东省拥有6家，年销售收入超亿元的中药产品达14个。一批居行业领先地位的骨干企业快速发展，广州医药集团、东阳光药业集团、丽珠医药集团、珠海联邦制药和深圳迈瑞等企业成为超百亿产值的龙头企业。

其中，广州是较早发展生物医药的地区，在生物技术服务和应用等领域形成了优势和特色，集聚了一批龙头企业。深圳

的生物企业自主创新能力强，国际化环境良好，跨国企业投资力度大，尤其是生物医疗设备产业优势突出。

（一）广州生物技术与产业发展

广州市是我国较早发展生物产业的地区之一。近年来，广州的生物产业逐渐进入了集群式快速成长的发展轨道，在我国生物产业发展格局中占据重要地位，已成为我国重要的国家级生物产业基地之一。2010年，全市生产总值达10 604.5亿元，成为全国第三个经济总量超万亿元的城市。作为广州四大支柱产业之一，2010年生物产业产值已超1000亿元，其中生物医药产值约386亿元，生物制造产值382亿元，生物农业产业约104亿元，海洋生物产业约69亿元。此外，生物技术服务业发展迅速，2010年收入59亿元，逐步成为广州生物产业新的增长点。

目前，广州形成了由10多所高等院校、40多家研究院所、70多个省级以上重点学科、5个国家重点实验室、7个国家工程技术研究中心（工程实验室）和400多家研发型企业组成的生物技术创新网络。中科院广州生物医药与健康研究院、广东华南新药创制中心等一批重点公共技术支撑平台近年来相继建成，并已发展成为国家创新体系重要组成部分。同时，一批重点骨干企业在生物制药、中药现代化、分子诊断、干细胞与再生医学、生物医用材料、发酵与酶工程技术、畜禽饲料与疫苗、生物技术外包服务等技术和产业领域取得了高水平的研发成果。

广州国家生物产业基地是2006年10月国家发展改革委第二批认定的“国家生物产业基地”之一。广州国家生物产业基地规划由两个核心区、扩展区和辐射区组成。核心区包括广州开发区所辖的广州科学城和广州国际生物岛两大板块，总体规划面积约13平方公里。其中广州科学城已聚集了115家生物企业以及各类生物技术创新平台，初步形成了从生物技术研究、研发中试到产品产业化的完整产业链。

目前，广州国家生物产业基地认真探索促进生物产业基地发展的新机制和先进管理模式，努力将基地建成我国重要的综合性生物产业研发、生产和出口基地之一。基地将重点发展基因工程药物、现代中药、化学合成创新药物、海洋药物等四大生物医药领域，着力发展生物农业，推进生物服务业（生物技术研发等）发展；将注重与珠江三角洲其他城市之间形成优势互补的生物产业发展链条，形成与周边地区的错位发展、融合发展、联动发展，充分利用毗邻港澳和东南亚地区的区位优势，坚持走“引进来”与“走出去”相结

合的市场化、国际化道路。

“十二五”期间，广州将以现有的广州国家生物产业基地规划为基础，结合中新知识城的发展规划和各区(县级市)的产业基础，统筹规划，优化布局，重点建设好广州科学城生物产业基地核心区、广州国际生物岛生物技术研发和服务基地核心区、中新知识城生命健康产业源头创新基地核心区，同时推进各区(县级市)一批生物产业特色园区、一批生物产业孵化和服务基地发展，形成“三个核心区、六个特色园区、三个孵化和服务基地”优势互补、协调发展的产业布局(“363布局”)，共同构成广州国家生物产业基地整体框架。

（二）深圳生物技术与产业发展

深圳生物产业起步比较早，有一批骨干企业。“十一五”期间，深圳市生物产业总体保持较快发展，2010年销售收入达500亿元，比2005年212亿元增长136%，产业规模居国家生物产业基地城市前列。深圳市生物企业保持良好发展态势，销售收入超过5000万元的企业由2005年的60家增加到2010年的106家，产值1亿~10亿元的企业由32家增加到55家，产值超过10亿元的企业由5家增加到16家。目前深圳已有生物领域上市企业20家，占全省50%以上。深圳目前生产的生物技术产品已经销售到140多个国家和地区，国际化程度很高。

近年来，深圳生物产业规模不断扩大，创新能力不断提升，医疗设备生物制药等生物产业竞争优势凸现，先后涌现了第一张亚洲人基因组图谱，国内第一个生物工程一类新药，第一台医用的核磁共振诊断仪器和超声血液的成像系统等一大批自主创新的成果，成为我国生物产业发展的生力军。

深圳生物医疗设备产业优势突出，是我国最具影响力的生物医疗设备产业集聚地、大型精密医疗设备和医用电子仪器设备的重要研发生产出口基地。生物医疗设备产品技术含量高、品种齐全、出口比重大、产业配套能力强，产值约占全国的10%、广东省的50%。“深圳制造”已成为中国高质量生物医疗设备产品的象征，“深圳创造”正成为中国生物医疗设备产业自主创新的旗帜。

深圳的生物医疗设备、生物制药企业规模较大、创新意识较强，以创新药物研发和产业化、药品制剂出口和生物医药研发外包为核心的产业体系发展较快。随着生物产业被列为深圳市“十二五”三大重点发展的战略性新兴产业之一，以及国家级基因库的建设，深圳作为我国南方生物医药产业核心城市的地位将进一步得到巩固。

2010年，深圳市积极落实生物产业振兴发展规划和政策，组织实施了三批生物产业专项资金扶持计划，扶持项目总计289个，扶持资金6.4亿元。其中产业化项目46个，总投资33亿元，项目建成投产后预计新增产业规模约320亿元。深圳市在“十二五”规划中，把生物产业作为最重要的产业加以扶持、培育和布局，预计到2015年，深圳市生物产业年销售收入将超过2000亿元。

“十一五”期间，深圳生物医药企业实现跨越式发展，其中迈瑞、华大基因等已成长为我国生物医药领域自主创新的龙头企业。作为我国最大的医疗设备研发制造商，迈瑞于2006年9月在纽约证交所挂牌上市；2010年，迈瑞全年收入超7亿美元，其中近60%来自海外，在短短20年里实现了从立足探索到自主研发、从引进风险基金到海外上市、从本土到国际化的三大跨越。华大基因正式落户深圳仅4年时间，已发展为全球最大的基因组学测序及分析研究中心，拥有员工4000人。2010年，华大基因收入超过10亿元，*Science*杂志最新公布的“2010年十大科学突破”榜单中有两项突破来自华大基因。华大基因在发展过程中，建立了大规模测序、生物信息、克隆、健康、农业基因组等技术平台，其测序及基因组分析能力居世界领先，开创了科技和产业相互推动的发展模式。

深圳国家生物产业基地是2005年6月国家发展改革委首批认定的“国家生物产业基地”之一。目前，深圳以推动重点产业领域发展、完善产业链环节为目标，突出区域特色和优势，在坪山新区规划建设国家生物产业基地核心区，在深圳湾高新区以研发为重点、光明新区以产业化为重点、南山区以医疗器械产业为重点、盐田区以基因产业为重点、龙岗区以海洋生物产业为重点布局建设产业集聚区。深圳国家生物产业基地核心区和集聚区已经先后引进了总投资7000万欧元赛诺菲巴斯德流感疫苗项目以及总投资9990万美元葛兰素海王流感疫苗项目，以及一致药业、致君制药、华润三九、翰宇药业、信立泰、万乐药业等生物医药研发生产基地和迈瑞、理邦、雷杜、威尔德等医疗设备研发生产基地，同时加快建设总建筑面积22万平方米的深圳生物医药企业加速器，形成梯度规划、有序推进的发展态势。深圳国家生物产业基地龙岗海洋生物产业园区位于龙岗区大鹏街道，规划占地面积30万平方米，建筑面积50万平方米。定位为以海洋生物资源综合开发、利用及海洋环境生态修复为主的集研发、孵化、产业化于一体的高新技术产业园。

五、其他地区的生物技术与产业

（一）哈尔滨生物技术与产业发展

生物产业是哈尔滨市重点培育的五大支柱产业之一。2008年2月29日，在国家发改委举行的国家高技术产业基地授牌大会上，哈尔滨市荣获了“生物产业国家高技术产业基地”的命名和授牌。

哈尔滨生物产业基地发展的优势在于：一是具有产业基础。生物医药产业是哈尔滨市重点培育的五大支柱产业之一，在技术、品牌、品种、效益、市场占有率等方面均处于全省主导地位，总量和资产约占黑龙江省医药产业的70%～80%。二是具有资源优势。哈尔滨是全国重点粮豆产区和重要的绿色食品基地，哈尔滨辖区及周边地区生物资源丰富，发展农产品特别是绿色食品和畜产品的深度开发潜力巨大。三是具有科技优势。哈药集团国家级企业技术中心、哈尔滨兽医研究所国家兽医生物重点实验室等一批高水平的国家级、省级研究机构和工程中心、技术中心，具有雄厚的技术基础和研发能力。

哈尔滨已初步形成了以兽用生物制品和北药开发为特色，以生物农业、生物制造、生物能源和生物环保为补充的生物产业，生物医药、化学药及原料药、生物制造、生物能源、生物环保及北药深度开发、农业良种、道地北药材种植开发等带动了生物产业规模不断扩大。到2010年，全市共有生物产业企业150户，实现工业总产值210亿元，增长27%。

加快发展生物医药产业：截止2010年末，全市规模以上生物企业已达63户，实现工业总产值166亿元，占全市生物产业的79%，特别是哈药集团，规模实力已跻身世界制药50强，2010年集团实现营业收入180亿元，利税33亿元，目前该市生物医药产业的资产总额和产能均已占到全省的70%以上。

大力发展培育生物产业新业态：结合国家和省产业政策导向，依托农业和科技等资源优势，加快推进生物农业、生物能源和生物环保等新兴业态发展。围绕农业秸秆等再生资源，投资4.8亿元建设的国能巴彦生物质发电厂项目目前已建成投产，每年可消化周边县（市）20万吨秸秆，年发电1.44亿度；依托龙能燃气公司，在宾西开发区投资4000万元建设的沼气能源项目，项目达产后，每年可回收塑料2000吨，年实现销售收入1400万元；围绕农业种植和有机肥料加工，在木兰县总投资2亿元新建的农业循环经济产业科技开发项目，项目建成后，可实现产值2.4亿元。

不断加大产业园区建设力度：为优化整合资源，推动生物产业集聚发展，以开发区为依托，规划建设了市经开区生物产业园。截止2010年末，经开区生物产业园入驻企业已发展到19户，实现工业总产值20.4亿元，完成利税2.8亿元，呼兰利民开发区生物产业园入驻企业达到29户，实现工业总产值45亿元，园区实现销售收入37.42亿元，完成利税7亿元。

强化科技创新：依托大学、大厂、大所的资源优势，以产学研技术联合体为平台，加快推进生物科技创新项目建设步伐。“十一五”期间，全市累计有芩百清肺浓缩丸等13个生物医药创新项目获得国家支持。生物产业科研成果转化不断加快。“注射用海参多糖”为治疗心脑血管疾病特效药，获得国家“863计划”支持；高浓度有机废水发酵法生物制氢技术示范工程项目，将生物制氢技术推进到了工业化生产阶段。在生物农业方面，哈兽研所的禽流感疫苗，猪蓝耳病疫苗等优质动物疫苗研制与产业化项目突破了毒株分离等关键技术瓶颈，完成了生产工艺的多项创新，对新型疫苗的研制起到了极大推动作用。

（二）长春生物技术与产业发展

长春是中国生物和医药产业发源地之一，国家生物产业基地。目前，长春生物医药产业已经度过了形成产业集群的初级阶段，形成以长春生物制品研究所为龙头，以长生科技、金赛药业、吉林修正药业、长春博泰医药和东北师大基因工程公司等企业为骨干的生物和医药企业群。“十一五”期间，长春生物与医药产业规模和产值迅速增长，对工业经济的贡献率逐年提升。目前，全市生物医药产业共有各类企业200多家。

长春国家生物产业基地是2005年6月国家发展改革委首批认定的“国家生物产业基地”之一，也是生物产业蓬勃发展中的城市。多年来，长春逐步成为生物产业领域技术、人才和企业聚集度较高的地区，生物产业已成为全市经济发展的主导产业。长春国家生物产业基地是以生物医药、生物制造、生物能源为主导的产业集群。该基地目前是亚洲最大的疫苗和基因药物生产基地。在生物制造领域，长春大成实业集团为世界最大的赖氨酸生产商。在生物能源领域，乙醇汽油项目为国家唯一试点城市，大成集团投资100亿元年产100万吨化工醇项目为全国最大的化工醇项目之一。

长春国家生物产业基地是集研究与开发、生产与流通、人才培养与综合服务为一体的生物产业发展平台。基地成立以

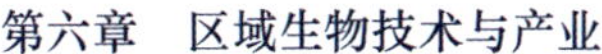

来，为进一步整合产业资源，提高配套能力，增进医药企业与科研院所有效协作，基地重点开展了实验动物资源中心、基因药物中试工程中心、疫苗研发工程中心、干细胞工程中心、中药与中药现代化工程研究中心、生物医药科技信息咨询服务中心、中药前处理、辐照灭菌装置等公共平台建设，为企业发展提供技术支撑和专业化服务。

长春国家生物产业基地集中在长春高新区、经济技术开发区两大国家级开发区，生物医药核心区位于长春高新技术产业开发区，已经形成企业集群，长春国家生物产业基地定位是疫苗、基因药物等。生物工业核心区位于长春经济技术开发区，区内聚集了以长春大成实业集团为代表的生物化工企业50家，2010年生物产业实现产值358亿元，被评为国家新型工业化生物产业示范基地和吉林省新型工业化生物产业示范基地。为促进生物产业发展，长春经济技术开发区于2011年5月在生物园区首期开发的7.5平方工业已经实现“七通一平”，大成集团年加工玉米225万吨，生产120万吨结晶糖、100万吨多元醇，100万吨差别化聚酯和10万吨谷氨酸项目、金隆集团大豆蛋白项目、帝斯曼年产1.5万吨维生素复合预混饲料项目等40个工业项目相继入区开工建设和投产，项目总投资370亿元，全部达产后实现产值505亿元，利税97亿元。

长春国家生物产业基地聚集了吉林大学、东北师范大学等18家生物技术相关专业院校，包括长春生物制品研究所、军事科学院第十一研究所等81家生物类科研机构；吉林大学的“国家酶工程重点实验室、艾滋病疫苗国家工程实验室”、东北师范大学的“国家教育部农业与医药基因工程重点实验室、药物基因与蛋白筛选国家工程实验室”、军事科学院第十一研究所等国家及省部级重点实验室42个；以及28个新药研发机构、10个企业技术中心、5个国家级试验室。

（三）武汉生物技术与产业发展

武汉地区生物技术研究实力和水平仅次于北京、上海、广州，在转基因动植物等领域的研究水平则居国内领先地位。目前，武汉已建立继光谷之后的第二个高技术产业基地“生物谷”，初步形成关南、庙山、东西湖、沌口等四个生物医药产业相对集中的工业园区。

武汉国家生物产业基地核心区在东湖高新区区域内，位于三湖两山之间，风景秀美。武黄、沪蓉、京珠三大高速公路，京广高速铁路贯穿境内，交通条件得天独厚。武汉国家生物产业基地在整合、提升

东湖高新区生物医药、生物农业资源的基础上，光谷生物城在整合、提升东湖高新区生物医药、生物农业资源的基础上，高标准规划了15平方公里土地，计划用3~5年时间，投资150亿元，建设生物产业创新基地和产业基地，打造成集生物产业研发、孵化、生产、物流、行政、文化、居住为一体，基础设施齐全，产业链完善，竞争优势明显的“光谷生物城”。2008年11月，九峰创新基地奠基开工，光谷生物城建设全面启动。九峰创新基地占地总面积1600亩，主要建设生物产业研发区、孵化区、中试区、商务区和生物技术研究院、动物实验中心、关键技术中试放大平台、专业孵化器等，构建生物产业发展技术支撑和公共服务平台，营造适合生物企业研发和孵化的软硬件环境；九龙产业基地占地面积12平方公里，主要建设生物医药园、生物农业园、医疗器械园三个专业园区以及配套服务园区。其中，生物医药园占地面积5000亩，重点发展生物制药、中药现代化、各类制剂服务外包等，将建设成为“国内一流、国际知名”的高科技生物医药园区；生物农业园占地面积2200亩，重点发展基因育种、生物农药、动物生物制品等，将建设成为聚集中国生物农业先锋集群的高科技生物农业园区；医疗器械园占地面积500亩，重点发展医用医疗诊断、监护及治疗设备，也将建设成为现代化的高科技医疗器械园区。2010年，光谷生物城完成基本建设投资52亿元，已签订项目入驻协议184个，有97个项目已开工建设或入驻办公。2010年武汉国家生物产业基地生物产业总产值约为250亿元，同比增长超过23.38%。其中，收入过20亿元企业1家；收入过10亿元企业1家，过3亿元的企业9家，上市公司4家。基地入驻约300余家企业。

目前，全世界生物产业前十强企业中已有多家进入光谷生物城。辉瑞武汉研发中心已正式成立，并入驻办公；华大基因、药明康德、国药集团、中国种子集团都纷纷入驻光谷生物城；医药行业特色企业恒信源、华珍、同源、长联来福、中科开物等重点项目也相继开工。此外，美国科学院朱健康院士植物基因改造项目、中科院邓子新院士微生物领域项目等十多个院士项目也陆续入驻光谷生物城。

按照规划，到2015年，光谷生物城基础设施建设基本完成，配套服务日益完善，以生物创新园、生物医药园、生物农业园、医疗器械园、生物能源园和中新（武汉）生物科技园为特色的六大园区格局基本成型。形成以生物医药、生物农业、医疗器械、生物能源、生物服务和生物信息六大产业为主，研发与生产并重的

生物产业集群。

作为具体的目标，到2020年，光谷生物城将聚集各类生物企业超过1000家，包括世界500强企业30余家，吸引各领域领军人才超过2万名，各类专业人才超过20000名，实现生物产业总收入超过2000亿元。

基地集中了武汉大学、中国科学院武汉病毒所、武汉生物制品研究所、湖北省医药工业技术研究所等一批生物医药领域的科研院所，拥有国家重点专业实验室17个，国家工程技术研究中心6个，国家生物医药临床研究基地7个，科研实力雄厚。

武汉国家生物产业基地将以形成我国中部重要的生物产业研发、生产和出口基地为目标，依托现有的生物产业基础，发挥生物技术科研力量雄厚、生物技术企业集中、市场环境相对完善等优势，促进产业集聚，实现规模效应，带动中部产业结构优化升级。

武汉国家生物产业基地将重点发展生物农业、生物制药和化学合成创新药物，加快发展现代中药，积极培育生物能源和生物材料等生物质产业的发展，逐步形成创新体系完善、产业特色鲜明、布局合理的国家综合性生物产业研发、生产和出口基地。

（四）长沙生物技术与产业发展

长沙国家生物产业基地是2006年10月由国家发改委批准认定、以湖南浏阳生物医药园区为核心区的国家级生物产业基地。2007年，湖南省生物产业发展领导小组确定了长沙国家生物产业基地在湖南生物产业领域的龙头地位。2008年3月，湖南省编办正式批准湖南浏阳生物医药园管委会加挂长沙国家生物产业基地管委会。

作为中部地区第一个国家级生物产业基地，长沙近几年来生物医药产业化取得了一定的成效。长沙国家生物产业基地将依托现有基础，充分发挥生物技术科研优势，促进产业集聚，实现规模效应，推进大型生物医药龙头企业和中小企业群建设，提高生物医药产业的国际竞争力，带动区域产业结构优化升级。长沙现有湖南省组合生物合成与天然产物药物工程研究中心、湖南省中药提取工程研究中心、湖南医药工业用酶工程技术中心等省级、国家级科研中心，为生物产业的发展提供了研发支持。近年来，基地发展势头强劲，年均增长35.8%。2010年基地生物医药和育种两大区域实现销售收入670亿元，成为全省六大快速发展的优势产业之一。

长沙国家生物产业基地将重点发展优势中成药、中药材规范化种植等现代中药产业，着力推进干细胞技术、基因工程药物等现代生物医药产品发展，大力发展生物农业，努力将长沙国家生物产业基地建成

产业特色突出的生物医药研发、生产和出口基地。

长沙国家生物产业基地设“一园五区”，核心区为长沙生物医药园（由湖南浏阳生物医药园更名），拓展区为袁隆平生物农业产业区、常德化学制药产业区、岳阳生物医药产业区、株洲现代中药产业区、湘西中药谷（医药原料区）。核心区分生物医药园、信息技术园、食品科技园、科技孵化园、国际合作园（待建）。

（五）西安生物技术与产业发展

陕西发展生物医药产业有得天独厚的优势。陕西是我国的中药材资源基地，秦岭素有我国的“天然药库”、“生物资源基因库”和闻名的“中药材之乡”之美誉；陕南现有各类中药材资源4000多种，其中《中国药典》收列的主要品种达580多种，常年收购经营的中药材400多种。西安国家高技术产业基地是2008年2月国家发展改革委认定的综合性国家高技术产业基地之一，生物产业是基地建设的重点领域。西安国家高技术产业基地核心区西安市和杨凌示范区是陕西省经济带中高技术产业比重很大的区域。西安—杨凌国家生物产业基地分别以西安高新技术产业开发区和杨凌农业高新技术产业示范区为核心区，以户县沣京工业园区、杨凌渭河南岸区为紧密区，以整个关中经济带和陕南三市为辐射区，形成哑铃式双核心辐射状的空间发展态势。其中，西安重点突出生物药业开发，杨凌重点突出生物农业开发。

西安和杨凌科教优势资源明显，为发展生物产业提供了雄厚的科技资源。西安—杨凌两地共有生物医药领域国家级重点实验室和工程技术中心12个，省级重点实验室和工程技术中心14个，国家临床药理基地6个。从事生物、农业和医药科研的专业技术人员就有2万人，其中具有高级职称的3500多人，并吸引了一大批海外留学人才纷纷回国创业。到2006年末，西安—杨凌地区有大、中型生物类企业近200家，小型生物类企业约600家，其中，产值超过10亿元的企业有6家，超过1亿元的企业有20家，生产的产品涵盖了生物产业的诸多领域，是国内生产生物产品最密集的地区之一。脑心通、人造虎骨粉、人造干细胞等生物医药产品成为国内外著名品牌，为发展生物产业提供了较好的产业基础。

目前，西安高新区经过多年发展已经形成了较为齐全的产业门类，包括化学原料药、化学药品制剂、中成药制造、中药饮片加工、生物生化制品、医疗仪器设备及器械以及卫生材料及医药用品等七大子行业，形成了以化学药生产和OEM为基础，以中药和天然药物开发和生产为特色，以

医药器械研发生产为辅助，以新剂型、生物技术药物研发为战略方向的产业格局。西安高新区形成了以力邦制药和万隆制药为代表的化学原料与制剂生产企业，以步长、大唐制药和吉世药业为代表的中成药生产企业，以嘉禾生物、皓天生物为代表的天然植物提取生产企业，以西大北美和联尔科技为代表的生物诊断和生物芯片技术研发企业，以华海医疗、一体医疗为代表的医疗器械研发、生产等优势企业及相关产业。千禾药业、力邦制药、大唐制药、皓天生物、仁仁药业、交大药业、万隆制药、太极药业等一大批骨干企业发展迅速，已经逐渐成为带动西安高新区生物医药产业经济发展的中坚力量。同时，西安高新区也培育了一大批科技含量高、发展势头迅猛的中小型生物医药企业，如大生化学、巨子生物、联尔科技、康拓医疗、蓝晶生物、新通药物、应化生物等。

（六）石家庄生物技术与产业发展

石家庄高新区在产业结构调整过程中，把生物医药确立为第一主导产业，以龙头医药企业带动产业发展，通过建设高端生物医药产业园区、整合生物医药企业加速器和孵化器、转变招商引资策略等方式，走出了一条“占据高端、扩展领域、集群发展”的路子，提升了生物医药产业档次和水平，拉动了园区经济社会发展，促进了“二次创业”质的飞跃。

石家庄国家生物产业基地是2005年6月国家发展改革委首批认定的“国家生物产业基地”之一。石家庄是世界上重要的抗生素，半合抗和维生素原料药生产基地，是全国规模最大的化学原料药、软胶囊、中药颗粒剂、基因工程药品和兽药产业化基地。拥有华药、石药、神威、以岭、四药等知名企业，九派制药、兴柏生物、常山生化、欧意药业等一批企业快速成长，是全国医药企业最集中的城市之一。现有国家工程研究中心2个，国家认定企业技术中心，国家863计划成果产业化基地2个，国家重点实验室2个，生物科研机构及大专院校64所。石家庄国家生物产业基地目前由产业核心区、高端医药园等五个各具特色的园区组成，总规划面积约70平方公里，形成了以化学药物为主导，现代中药为特色，生物工程制药为重点的生物医药产业发展体系。2010年完成主营收入470亿元，实现利税70亿元。

基地目前重点建设项目共178个，分为四大类。一是化学制药领域，重点推进国家一类新药丁苯酞产业化，利用先进技术提高克拉霉素、阿奇霉素、罗红霉素、地红霉素等红霉素系列、新诺喹诺酮系列、三四代头孢类药物和替立定麻醉药物的生

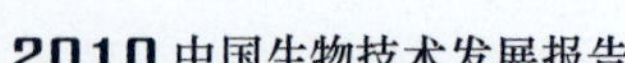

产规模。二是生物制药领域，重点推进甲肝抗体、乙肝抗体、肝素钠、酶抑制剂、免疫制剂诊断试剂、细胞工程药物的产业化，建设基因工程技术平台。三是现代中药领域，重点推进脂可平软胶囊、抗肿瘤药20-2滴丸、中药降糖药21-5片等一、二类现代中药产品产业化，扩大五福心脑康、清开灵注射液、参麦注射液、藿香正气软胶囊、通心络胶囊、癃闭舒胶囊等药品的生产规模。四是公共配套领域，重点建设1个综合服务平台、1个现代化中药有效成分筛选中心、3个医药重点实验室、6个国家和省级制药技术工程研究中心、1个医药工业孵化园，以及大型现代化医药博物馆、医药会展中心、现代化医药商城、医药代理配送中心。

2010年基地共建设生物制药类项目27个，总投资101亿元。其中新开工项目6个，总投资26亿元，当年计划投资7.8亿元；计划竣工项目9个，总投资17.7亿元，当年计划投资8.1亿元；续建项目12个，总投资58亿元，当年计划投资16.3亿元。

（七）郑州生物技术与产业发展

郑州生物医药产业园成立于2000年1月18日，是郑州高新技术产业开发区管委会直属的公益型科技事业服务机构，是河南省火炬计划生物医药产业基地，是国家法定的享受税收优惠政策的特殊区域。重点支持基因工程药物、生物制品、中药现代化、农业生物工程、高新科技种业、医疗器械、保健品等产业的发展，培育中小型科技企业和企业家，促进生物医药和生物技术科技成果转化，是郑州高新区创新体系的核心之一，是高新区“一区多园”体制的重要组成部分。郑州生物医药产业园位于郑州高新区中心地带，集中发展区规划面积5平方公里。现有两个面积达16 000平方米的孵化基地。正在规划建设集科研、加工、贸易于一体的河南省种子产业基地和按GMP标准设计的50 000平方米的标准厂房。郑州生物医药园拥有80多家生物医药企业。以众生制药、仲景药业、永和制药为主的中药现代化企业规模凸显；华美生物、海星邦和、博赛生物、普新生物等企业在生物制品和基因工程药物开发方面有较强实力；奥瑞金种子公司、农科院种子公司、瑞达制药等企业在农业生物工程领域效益显著。郑州生物医药产业园现有一座博士后流动站，两个省级工程技术中心和一个专业孵化器。开发生产了生物制品、新特药80余种，生物试剂10余种；30多个产品成为国内外知名品牌。郑州生物产业研发实力较强，拥有国家级企业技术中心3家，省级以上企业技术中心21家；国家级工程技术研究中心1家，省级以

上工程（技术）研究中心20家。郑州生物人才充足。

河南作为一个农业大省，拥有丰富的农作物资源、动植物资源、花卉资源和中药材资源，为郑州生物产业基地发展提供了坚实的基础。郑州的生物农业尤其是生物育种居于国内领先地位，生物医药高速发展。郑单958玉米杂交种、“中棉”系列棉花品种、化学发光检测产品、酶免肿瘤检测、酶标仪、人用精制无佐剂狂犬疫苗、多道生理记录仪、诺氟沙星原料药、甲磺酸加替沙星系列产品等市场占有率均居国内第一，D-异抗坏血酸生产能力居世界首位。

生物工程与制药产业是郑州市高新技术产业的重点领域，是郑州市工业经济发展中最具发展潜力的领域之一。郑州市生物工程与制药产业与电子信息、新材料、机电一体化共同构成了郑州市高新技术产业的四大领域。郑州拥有河南省产权交易中心、郑州市产权交易市场等一批产权交易场所。郑州市先后被国家科技部列入“全国技术创新工程试点区域”、“制造业信息化重点城市”，被国家知识产权局确定为“专利试点城市”，并跨入全国科技进步先进城市行列。郑州生物医药产业发展涵盖生物诊断试剂、疫苗、血液制品、基因重组治疗药物、化学药制造及现代中药等门类。在诊断试剂、疫苗等领域形成了优势，研究水平国内领先，为产业加快发展创造了良好基础。

（八）南昌生物技术与产业发展

江西近年来生物产业发展迅速，2010年全省生物产业销售收入572亿元，同比增长达到30%，是同期GDP增长率的2倍多，已形成了生物医药为主导，生物制造、生物农业共同发展的良好局面。江西现有规模以上生物产业企业450家，主要企业都集中在南昌国家生物产业基地核心区。

南昌区位优势得天独厚，作为连接中东西部的重要节点城市，是京九线上唯一的与长三角、珠三角、闽东南三角区毗邻的省会城市。南昌桑海开发区现有驻区企业60余家，拥有江西南昌济生制药厂、江西南昌桑海制药厂等一大批制药历史长达40多年的制药企业。近年来，又有杏林白马药业、济顺制药、民康制药、上海百安（南昌）制药等一批新鲜血液的融入。区内已形成较长的医药产业链，2008年，医药行业年产值达到全区完成总产值的91%。2010年11月29日，由江西溪远生物科技有限公司总投资60亿人民币的中国（南昌）生物医药服务外包产业园正式落户南昌高新区。中国(南昌)生物医药服务外包产业园地处南昌高新技术产业开发区艾溪湖东

侧，拟建设软件服务外包大楼及附属设施约30万平方米，项目首期开工面积约6万平方米，计划在2011年底建成并投入使用。项目建成后，预计可实现年销售收入20亿元人民币，税收约2.7亿元人民币。每年培训生物医药工程后备人才约6000名，并为南昌吸引近万人的高端人才，解决社会就业人数达到2万余人。

中国（南昌）生物医药服务外包产业园的落户将为南昌高新区发展战略性新兴产业注入活力，也将辐射带动瑶湖生态科技城的产业带快速发展。目前，南昌高新区已经聚集了60余家生物医药企业，有以江中集团、弘益药业、特康科技为代表的药品和医疗器械研发群体，以美国默克集团、汇仁药业、仁和药业、济民可信和3L医用制品等为代表的药品和医疗器械生产群体，以及以汇仁营销、国药控股、赣药集团为代表的医药贸易销售群体，形成了医药产品、医疗器械及医疗保健品研发、生产、物流配送和营销的完整产业链。

南昌国家高技术产业基地是2008年2月国家发展改革委认定的生物产业国家高技术产业基地之一。南昌拥有生物国家级重点实验室和工程技术中心4个、省级重点实验室18个、省级工程技术研究中心12个。现代中药、生物医学工程、生物育种、农用生物产品的优势特色突出。汇仁、江中、仁和、济民可信等4家龙头企业名列全国中药行业20强、医药企业50强。金水宝胶囊、肾宝合剂、健胃消食片、乌鸡白凤丸等6个产品单品种年销售额过亿元，是全国知名品牌。

（九）重庆生物技术与产业发展

2010年，重庆市政府拟斥巨资打造生物医药战略性新兴产业。这是重庆市政府贯彻落实市人大三届三次会议精神和全市经济工作会议精神，大力推进经济结构优化、加强自主创新的一项措施。

重庆国家生物产业基地是2007年6月国家发展改革委第三批认定的“国家生物产业基地”之一。基地紧紧围绕胡锦涛总书记“314”总体部署开展建设，把生物产业培育成为重庆经济的重要产业，把基地建成为国内一流、特色显著的生物产业集聚地。2010年，重庆生物产业产值约520亿元，年均增长速达到27%，完成了基地建设规划近期目标。

重庆国家生物产业基地包括1个核心区和3个拓展区，核心区为国家级重庆高新技术产业开发区及周边地区，拓展区向西沿成渝高速路延伸到荣昌工业园，向东沿渝涪高速路延伸到涪陵太极工业园，沿渝万高速路延伸到万州工业园。依托重庆产业基础和资源优势，基地重点发展六大产业

领域：大力发展生物医学工程、道地中药材规范化种植与现代制药、兽药及绿色农用生物产品三大产业领域，积极培育特色生物育种、生物质工程两大产业领域，加快壮大发展生物技术服务业。

重庆国家生物产业基地将以形成我国西部重要的专业性生物产业研发、生产和出口基地为目标，依托三峡库区丰富的生物资源，发挥自身生物产业基础好、产业特色突出、创新能力强和科技资源相对集中的优势，完善自主创新体系，促进生物技术成果产业化，培育龙头企业和品牌产品，发展特色产业集群，实现生物产业规模化、集聚化和国际化发展，带动地区生物产业发展和区域产业结构优化升级。至2012年，重庆国家生物产业基地将实现生物产业规模年总产值1000亿元，年均递增25%以上，成为重庆十大千亿级产业链之一，培育年销售额超过100亿元的企业1个，年销售额50亿元至100亿元的企业2个，年销售额10亿元至50亿元的企业5个；至2020年，产业总产值达到2000亿元。

重庆国家生物产业基地的建设将与成都国家生物产业基地发展统筹规划、形成合力，重点发展生物医学工程、道地中药材规范化种植与现代制药，积极培育兽药与绿色农用生物产品、特色生物育种和生物质工程，逐步形成创新体系完善、产业特色鲜明、布局合理的国家综合性生物产业研发、生产和出口基地。

（十）成都生物技术与产业发展

伴随着激烈的国际国内市场竞争，被列入成都市发展生物医药重点区域的邛崃市，在未来三年中，承载着重点发展中药饮片加工和中成药制造、健康食品制造等产业的重任。该市的招商引资好戏连台，2009年10月29日，四川升和制药有限公司投资6亿元的医药产业园项目正式落户；2009年11月11日，洋浦宏杰投资有限公司也签订协议，将投资20亿元在临邛工业园区兴建医药产业园。目前，邛崃市生物医药相关规模以上企业已达10家，包括成都天台山制药、四川三精升和制药（邛崃分厂）、成都通威三新药业、成都平原药业、成都市金鼓药用包装、成都南环药业包装（集团）等。

在成都市生物医药产业发展规划中，温江区承担的主要任务是在现有基础上引导区域内企业集中集聚发展，依托现有企业，实施改扩建和产业链延伸项目，扩大产业规模。为了强力推进生物医药产业的发展，全区已经确定的三大重点项目正紧张有序地建设。

2010年，成都基地生物医药制造业实现主营业务收入248.69亿元，同比增长

24.33%，实现工业增加值93.29亿元，医药商贸业实现销售收入283.7医药，同比增长14.9%。基地拥有规模以上生物医药工业企业达230家，年销售收入过亿元企业63家，其中过10亿元企业4家，5~10亿元企业3家，1~5亿元企业56家，四川科伦、成都地奥、成都生研所、联邦制药（成都）进入2010年全国医药行业企业总资产百强、四川科伦、成都地奥进入2010年全国医药行业工业销售收入百强。四川科伦、成都生研所、成都地奥、四川远大蜀阳、成都蓉生进入2010年全国医药行业工业企业利润总额百强，拥有科伦集团、华神集团、中汇医药、新希望、通威集团、地奥药业等6家生物领域上市公司。

2010年，成都生物医药产业主要聚集区——高新区披露了其生物医药产业现状和发展规划：高新区着力建设天河孵化园、天府生命科技园等专业化园区，今年年内总计将建成近30万平方米的生物医药专业孵化器，生物医药产业载体初具规模。生物医药产业是该区的三大主导产业之一，近年来集约集群发展态势明显，现已聚集生物医药企业200余家，销售收入过亿元的知名企业有14家。“十一五”期间，成都生物医药产业实现了快速发展和整体升级。医药工业、中药工业的产值和销售收入居中西部之首。全市规模以上医药工业企业150余家，其中28家销售收入过亿元，地奥心血康、人血蛋白、一清胶囊、乐力钙、抗病毒颗粒等近20个品种销售过亿元。

成都国家生物产业基地以形成西部重要的专业性生物产业研发、生产和出口基地为目标，依托当地丰富的生物资源，发挥产业基础好、产业特色突出、创新能力强的优势，促进产业集聚，实现规模效应，推进大型生物龙头企业和中小企业群建设，带动区域产业结构优化升级。成都国家生物产业基地的建设将与重庆国家生物产业基地发展统筹规划、形成合力，重点发展生物医药（包括现代中药、创新药物、生物医学工程、生物医药服务），加快发展生物农业，积极培育生物能源，逐步形成创新体系完善、产业特色鲜明、布局合理的国家综合性生物产业研发、生产和出口基地。

（十一）昆明生物技术与产业发展

昆明是被誉为“植物王国”、“动物王国”的云南省省会，依托云南极具特色的天然药物资源、民族文化资源和地理气候资源，拥有发展生物医药产业极佳的自然禀赋，具有将生物医药产业快速发展成为昆明经济发展新的支柱产业的良好条件和巨大潜力。

昆明国家生物产业基地是2007年6月国家发展改革委第三批认定的“国家生物产业基地”之一。云南由于其特殊的自然地理环境和气候条件，使其成为中国乃至世界生物多样性资源最为丰富的区域，昆明国家生物产业基地重点发展以良种产业、跨国重大动物疫病、有害生物物种入侵安全性评价、检测产品；生物农药、生物肥料为主的生物农业产业；以民族、民间药，原料药、药物中间体，新药创制、新型疫苗及生化制品为主的生物医药产业；以实验动物材料，天然健康食品、特种经济作物资源可持续利用，生物质能为主的生物资源开发产业；以珍稀、濒危物种持续利用，林业生态修复，替代种植为主的生态产业。同时，昆明生物产业基地将以创造知识或提供科技服务为产品形式，为我国其他生物产业基地、科研院所和大型企业的科技成果转化提供工程化验证或相关技术服务。

以昆明高新区为依托的昆明国家生物产业基地核心区，目前已聚集生物企业360家，其中规模以上生物产业企业50家。2010年，昆明国家生物产业基地实现工业总产值500亿元，工业增加值200亿元，其中核心区预计实现工业总产值150亿元左右，出口创汇1亿美元以上，吸引外资2.84亿美元，产值10亿元以上龙头企业超过8家，有关研究人员达到8000人以上。

昆明产业基地依托昆明国家高新技术产业开发区及其周边的智密区，建设核心区；结合生物优势资源的地域分布，有选择地建设“文山三七园”、“版纳生态产业示范基地”等几个重点扩展区，形成核心区和扩展区相结合的布局。在昆明高新区总体规划范围内，整合现已建成的2.5平方公里的“昆明现代生物制药产业园”，形成“昆明产业基地”核心区的中心部分；目前，该区域已集聚生物产业企业221家，涉及生物医药、生物农业、生物资源开发等领域。建成了以创业服务中心、大学科技园、留学人员创业园、生物技术专业孵化器综合性和专业性相结合的项目企业孵化机制和孵化条件。昆明高新区参与现代新昆明南城高新技术产业基地建设的总体规划和控制详规已编制完成，布局了生物技术产业发展功能区，纳入“昆明生物产业基地”建设规划。目前征地、基础设施建设和招商引资工作全面展开。预计到2020年，昆明国家生物产业基地将实现工业总产值1200亿元，“核心区”实现工业总产值750亿元。

（十二）南宁生物技术与产业发展

广西位于华南经济圈、西南经济圈与东盟经济圈的结合部，具有作为连接西南、

华南、中南与东盟大市场枢纽的区位优势。南宁是一个以壮族为主的多民族聚居城市，是中国西部各省区唯一沿海的省会城市。南宁作为广西的首府，对广西沿海城市发挥着中心城市的依托作用，是我国对东盟开放的前沿和“桥头堡”。推动南宁国家高技术产业基地的建设发展，为壮大发展广西以生物能源、现代中医药及生物农业等为重点的生物产业提供巨大的生物资源利用和产业市场空间。南宁国家高技术产业基地是2008年2月国家发展改革委认定的生物产业国家高技术产业基地之一。建立“南宁国家高技术产业基地”，大力发展以非粮生物能源为重点及先导的生物产业。

根据《南宁国家高技术生物产业基地生物医药产业发展规划（2008—2020）》，2020 年后，南宁将基本形成以本地生物医药资源及地道中药材为主要原料的生物医药产业集群，成为服务东盟的我国南方重要医药产业基地。在生物医药产业方面，南宁将重点发展疫苗与诊断试剂、创新药物、现代中药、生物医学工程等；同时，南宁将建设中国南方中药材良种繁育及产业基地、广西特色中草药资源深加。

此外，南宁大力发展以非粮生物能源为重点及先导的生物产业，不仅可充分发挥广西特色生物资源优势和区位优势，形成和强化广西非粮型生物能源产业优势，更重要的是可以在不危及我国粮食安全情况下发展可再生环保的生物质能源，减少对石油等石化燃料的依赖，保障国家能源安全，减轻大气环境污染。南宁市生物产业国家高技术产业基地在全国生物产业总体布局中定位为建成中国南方和广西北部湾经济区专业性生物产业基地，为华南经济圈、西南经济圈与东盟经济圈生物产业技术交流与对外开放的枢纽和重要平台。重点发展非粮生物能源产业，形成区域资源优势突出、科技创新效应明显的产业链。在以生物能源为先导的产业带动下，形成以生物能源、现代中药、生物制造和生物农业协调发展的生物产业体系。